Israel Belo de Azevedo

O prazer da produção científica

Passos práticos
para a produção
de trabalhos
acadêmicos

13ª Edição
Totalmente atualizada
Edição de 20 anos

© 2000 por Israel Belo de Azevedo
© 2012 Por Israel Belo

Revisão
José Carlos Siqueira
Doris Körber

Capa
Maquinaria Studio

Diagramação
B.J. Carvalho

13ª Edição - Totalmente atualizada
Edição de 20 anos - fevereiro de 2012
Reimpressão - setembro de 2015

Editor
Juan Carlos Martinez

Coordenador de produção
Mauro W. Terrengui

Impressão e acabamento
Imprensa da Fé

Versão bíblica utilizada: Nova Versão Internacional (NVI), salvo quando indicado o contrário.

Todos os direitos desta edição reservados para:
Editora Hagnos Ltda
Av. Jacinto Júlio, 27
04815-160- São Paulo - SP - Tel (11)5668-5668
hagnos@hagnos.com.br - www.hagnos.com.br

Dados Internacionais de Catalogação na Publicação (CIP)
(Câmara Brasileira do Livro, SP, Brasil)

Azevedo, Israel Belo de
O prazer da produção científica: passos práticos para a produção de trabalhos acadêmicos. 13ª ed. São Paulo: Editora Hagnos, 2012.

ISBN: 978-85-243-0424-8

1. Metodologia do trabalhos científicos - 2. Trabalhos científicos - 3 - Projetos de pesquisa I. Título

02-1148   CDD-808.066

Índices para catálogo sistemático:
1. Trabalhos acadêmicos: Elaboração: Diretrizes   808.066

Editora associada à:

Notas de gratidão

Agradeço em particular ao professor e amigo Darci Dusilek (1943-2007), com quem me iniciei no prazer da produção científica, havendo tido a alegria de presenciar a publicação de seu importante *A arte da investigação criadora*.

Agradeço também aos professores Almir de Souza Maia, Davi Ferreira Barros e Rinalva Cassiano Silva, todos, à época da produção da primeira edição deste livro, dirigentes da Universidade Metodista de Piracicaba (SP), pelo apoio e estímulo.

Agradeço ainda a todos os alunos com quem aprendi (e tenho aprendido) o que aqui está sistematizado, nas seguintes instituições de ensino:

Pontifícia Universidade Católica do Rio de Janeiro (1982).

Seminário Teológico Batista do Sul do Brasil (1976-1986, 2000-2009), no Rio de Janeiro.

Seminário Teológico Batista Mineiro (1987-1990), em Belo Horizonte.

Universidade Estadual do Rio de Janeiro (1980-1981).

Universidade Federal do Rio de Janeiro (1983).

Universidade Gama Filho (1981-1986, 1997-2000).

Universidade Metodista de Piracicaba (1991-1996).

Universidade do Grande Rio (1977-1979), então Associação Fluminense de Ensino, em Duque de Caxias.

Sumário

Lista de quadros 7
Notas preliminares 9
1. Princípios gerais — características essenciais 15
2. Resenhas e revisões bibliográficas — diretrizes gerais 23
3. Abertura inacabada à natureza do pesquisar 39
4. Projetos de pesquisa 45
5. Monografias, dissertações e teses 59
6. Artigos para publicações científicas 95
7. Tirando o máximo do computador 105
8. Manual sucinto de redação de textos científicos 119
9. Prazer de pesquisar? 153
10. Para escrever um livro — da ideia ao texto 159
11. Exemplos 187
12. Páginas de modelos 225
    1. Folha de rosto de resenha 225
    2. Folha de rosto de projeto de pesquisa 226
    3. Capa 227
    4. Folha de rosto 228
    5. Folha de aprovação 229
    6. Epígrafe (opcional) 230
    7. Sumário 231
    8. Lista de tabelas 232
    9. Resumo 233
    10. Página de texto 234
    11. Páginas de texto 236
    12. Tabela 238

13. Referências bibliográficas 243
14. Guia de referência rápida 249
Índice de assuntos tratados 257

Lista de quadros

1. Roteiro para a elaboração de uma resenha 32
2. Roteiro para a elaboração de uma revisão bibliográfica 35
3. Elementos constitutivos de um projeto de pesquisa 54
4. Elementos constitutivos de um texto científico 61
5. Resumo das normas para notas bibliográficas 80
6. Resumo das normas para referências bibliográficas 81
7. Referência bibliográfica de teses 82
8. Referências bibliográficas de artigos de revistas 83
9. Referências bibliográficas de colaborações em anais 84
10. Referências bibliográficas de capítulos em obras coletivas (livros e enciclopédias) 85
11. Referências bibliográficas de documentos eletrônicos (artigos) 86

Notas preliminares

1. As diretrizes apresentadas neste livro visam facilitar o procedimento para a elaboração de trabalhos científicos.

Elas foram preparadas na pressuposição de que a sua ausência dificulta o trabalho do estudante, transtorna a tarefa dos professores, complica a guarda (catalogação e armazenagem) dos textos e estorva a disseminação da informação, dada a disparidade de regras, materiais e formatos resultantes.

Elas não devem ser tomadas como uma "camisa de força", mas como um conjunto de contornos indicativos a serem seguidos. Evidentemente, não privilegiam todos os elementos que normatizam a produção de um texto dessa natureza, pelo que são bem-vindas quaisquer sugestões, as quais poderão ser enviadas por e-mail ao endereço <Israelbelo@gmail.com>.

2. Os trabalhos científicos mais comuns são os seguintes:

- resenhas
- revisões bibliográficas
- projetos de pesquisa

- monografias
- dissertações
- teses

A resenha é um resumo crítico de um determinado livro. Geralmente é requerida como tarefa intermediária complementar a uma disciplina de curso ou é solicitada como artigo para divulgação em publicações periódicas especializadas.

A revisão bibliográfica discute as contribuições de vários autores a um tema específico. Em geral é preparada logo após a conclusão do projeto de pesquisa e poderá figurar como um capítulo do trabalho final.

O projeto de pesquisa é o planejamento da pesquisa propriamente dito, dele constando elementos como delimitação, fontes, metodologia, cronograma, entre outros. É solicitado como a primeira etapa de qualquer pesquisa a ser desenvolvida.

A monografia é o relatório de uma pesquisa, geralmente escrita como tarefa final de uma disciplina.

A dissertação é o relatório de uma pesquisa desenvolvida num programa de mestrado.

A tese é o relatório de uma pesquisa desenvolvida num programa de doutorado.

3. As diretrizes aqui expostas pretendem indicar, passo a passo, os procedimentos a serem seguidos na produção de cada um desses trabalhos. Não pretendem discutir a metodologia científica propriamente dita, cujos paradigmas são fundamentais na pesquisa e para os quais é possível dispor de outros recursos.

A preocupação aqui é tão somente com a produção, pressupondo-se que os aspectos teóricos já terão sido resolvidos à hora da comunicação dos dados.

Para uma discussão acerca da natureza da pesquisa e dos seus procedimentos, remetemos para os autores que nos têm sido particularmente úteis, entre muitos outros, já que a bibliografia disponível é vasta:

BLALOCK Jr., H.M. *Introdução à pesquisa social*. Trad. Elisa L. Caillaux. 2ª ed. Rio de Janeiro: Zahar, 1976.

BRANDÃO, Carlos Rodrigues (org.). *Pesquisa participante*. 4ª ed. São Paulo: Brasiliense, 1984.

BRUYNE, Paul de, HERMANN, Jacques, SCHOUTIGETE, Marc de. *Dinâmica da pesquisa em ciências sociais*. 2ª ed. Rio de Janeiro: Francisco Alves, 1982.

BUNGE, Mario. *Epistemologia*. Trad. Cláudio Navarra. São Paulo: EDUSP/T.A.Queiroz, 1980.

DAY, Robert, GASTEL, Barbara. *How to write and publish a scientific paper*. 6th ed. Cambridge: Cambridge University Press, 2006.

DEMO, Pedro. *Pesquisa científica em ciências sociais*. 5ª ed. São Paulo: Atlas, 1995.

DUSILEK, Darci. *A arte da investigação criadora*. 8ª ed. Rio Janeiro: Juerp, 1990.

ESPÍRITO SANTO, Alexandre do. *Delineamento de metodologia científica*. São Paulo: Loyola, 1992.

FAZENDA, Ivani. *Metodologia da pesquisa educacional*. 12ª ed. São Paulo: Cortez, 2010.

FLICK, Uwe. *Introdução à pesquisa qualitativa*. São Paulo: Bookman, 2008.

FOUCAULT, Michel. *Arqueologia do saber*. Petrópolis: Vozes, 1971.

GIL, Antonio. *Como elaborar projetos de pesquisa*. São Paulo: Atlas, 2010.

GOLDENBERG, Mirian. *A arte de pesquisar*. 7ª ed. Rio de Janeiro: Record, 2003.

HABERMAS, Jurgen. *Conhecimento e interesse*. Rio de Janeiro: Zahar, 1982.

JAPIASSU, Hilton. *O mito da neutralidade científica*. Rio de Janeiro: Imago, 1975.

KUHN, Thomas. *A estrutura das revoluções científicas*. São Paulo: Perspectiva, 1975.

LÖWY, Michael. *Ideologia e ciência social: elementos para uma análise marxista*. São Paulo: Cortez, 1985.

MANN, Peter. *Métodos de investigação social*. Trad. Octavio Alves Velho. 3ª ed. Rio de Janeiro: Zahar, 1978.

MOLES, Abraham. *A criação científica*. Trad. Gita K. Ginsburg. São Paulo: Edusp/Perspectiva, 1971.

MOURA CASTRO, Claudio. *A prática da pesquisa*. São Paulo: Pearson/Prentice Hall, 2006.

POPPER, Karl. *Conhecimento objetivo*. Trad. Milton Amado. São Paulo: EDUSP/Itatiaia, 1975.

RICOUER, Paul. *Interpretação e ideologias*. Organização e tradução de Hilton Japiassu. Rio de Janeiro: Francisco Alves, 1977.

SCHAFF, Adam. *História e verdade*. Rio de Janeiro: Martins Fontes, 1978.

SCHRADER, Achim. *Introdução à pesquisa social empírica*. Trad. de Manfredo Berger. Porto Alegre: Globo, 1974.

SEVERINO, Antonio Joaquim. *Metodologia do trabalho científico*. 23ª ed. São Paulo: Cortez, 2007.

THIOLENT, M. *Metodologia da pesquisa-ação*. São Paulo: Cortez, 1986.

TRIVIÑOS, Augusto N. S. *Introdução à pesquisa em ciências sociais: a pesquisa qualitativa em educação*. São Paulo: Atlas, 1992.

sur
Capítulo 1

A beleza de estilo, a graça, a harmonia e o ritmo adequado dependem da simplicidade.

– Platão

Características essenciais

Seja qual for a natureza de um trabalho científico, ele precisa preencher algumas características para ser considerado como tal. Assim, um estudo é realmente científico quando:

1. Discute ideias e fatos relevantes relacionados a um determinado assunto a partir de um marco teórico bem fundamentado;

2. O assunto tratado é reconhecível e claro, tanto para o autor quanto para os leitores;

3. Tem alguma utilidade, seja para a ciência, seja para a comunidade;

4. Demonstra, por parte do autor, o domínio do assunto escolhido e capacidade de sistematização, recriação e crítica do material coletado;

5. Diz algo que ainda não foi dito;

6. Indica com clareza os procedimentos utilizados, especialmente as hipóteses (que devem ser específicas, plausíveis, relacionadas com uma teoria e conter referências empíricas) com que se trabalhou na pesquisa;

7. Fornece elementos que permitam verificar, para aceitar ou contestar, as conclusões a que chegou;

8. Documenta com rigor os dados fornecidos, de modo a permitir a clara identificação das fontes utilizadas;

9. A comunicação dos dados é organizada de modo lógico, seja dedutiva, seja indutivamente;

10. É redigido de modo gramaticalmente correto, estilisticamente agradável, fraseologicamente claro e terminologicamente preciso.

Princípios de comunicação

Na produção de um texto científico devem ser seguidos princípios que lhe confiram clareza, concisão, coerência, correção e precisão. Estes princípios são desenvolvidos mais adiante no Capítulo 8, "Manual sucinto de redação de textos científicos". O que se tem agora é uma síntese.

Compromissos básicos

Entre os princípios da boa comunicação devem ser buscados alguns abaixo indicados (sem qualquer hierarquia):

1. CLAREZA. O texto deve ser escrito para ser entendido, a dificuldade do leitor pode estar na compreensão do assunto, nunca na obscuridade do raciocínio do autor. Um pensamento claro gera um texto claro, escrito segundo a ordem natural do pensamento e das regras gramaticais.

2. CONCISÃO. O texto deve dizer o máximo no menor número possível de palavras. Um autor seguro do que quer dizer não se perde em meio às suas palavras, que são um meio de dizer e não um fim. Para isso, o autor deve usar frases curtas e parágrafos breves.

3. Correção. O texto deve estar grafado corretamente, pontuado adequadamente e ter as suas concordâncias regidas conforme as regras.

4. Encadeamento. Tanto as frases como os parágrafos e os capítulos (ou partes) devem estar encadeados de modo lógico e harmônico. É recomendável também que os capítulos (ou partes) guardem alguma simetria na sua estrutura e dimensão.

5. Consistência. O texto deve usar os verbos nos mesmos tempos, preferencialmente na voz ativa, e os pronomes nas mesmas pessoas. Para se referir a si enquanto pesquisador, o autor deve escolher um tratamento: eu, nós, o pesquisador, -se, e ficar nele ao longo do trabalho.

6. Contundência. O texto deve ir direto ao assunto, sem circunlóquios, e fazer as afirmações de forma forte, não só para criar impacto, mas para marcar bem as suas posições.

7. Precisão. O texto deve buscar usar as palavras e conceitos nos seus sentidos universalmente aceitos ou definidos a priori. A ambiguidade não concorre para a compreensão; a exatidão dos termos é indispensável na comunicação científica.

8. Originalidade. Original não é o texto que dá cambalhotas (na cabeça do leitor), mas tão somente aquele redigido de modo autônomo, agradável e criativo. Autônomo é o texto que não depende em demasia das fontes utilizadas, mas procura reescrever de modo independente as ideias tomadas por empréstimo. Agradável é o texto escrito de modo a despertar o interesse do leitor, e criativo é o texto capaz de dizer as coisas, até as já sabidas, a partir de perspectiva nova. Ser original é evitar o recurso fácil das frases feitas, dos lugares comuns e dos jargões profissionais.

9. Correção política. O texto deve dar atenção à noção do "politicamente correto", no uso de conceitos e palavras, para evitar o emprego de expressões de conotação etnocêntrica, especialmente as de cunho sexista e racista.

10. Fidelidade. O texto deve ser escrito segundo parâmetros éticos, com absoluto respeito ao objeto de estudo, às fontes empregadas e aos leitores. Evidentemente ainda, os textos citados não podem ser usados para dizer aquilo que seus autores não quiseram. O texto usado pode e deve ser interpretado, mas não distorcido. Por isto, todas as elipses e todas as interpolações devem ser indicadas.

Dez conselhos práticos

1. Escreva frases breves e parágrafos curtos. Diga o que quiser no menor espaço que conseguir. Não alongue as frases com o uso abusivo de gerúndios e conjunções imprecisas (como "o qual" e "cujo").

   Você terá menos chances de parecer complicado.

2. Encadeie as frases e os parágrafos logicamente, com cada frase ou parágrafo desembocando naturalmente no que vem a seguir.

   Você terá menos chance de parecer ter composto uma colcha de retalhos.

3. Evite apelar para generalizações (como "a maioria acha", "todos sabem").

   Você terá menos chance de parecer superficial.

4. Evite repetir palavras, especialmente verbos e substantivos. Use sinônimos.

   Você terá menos chance de parecer possuir um vocabulário pobre.

5. Evite modismos linguísticos (como "em nível de", "colocação", "Gadotti vai dizer que", etc.).

   Você terá menos chance de parecer um deslumbrado com o jargão universitário.

6. Evite as redundâncias (como, p. ex., "os alunos são a razão de ser da Escola Prof. Pegado"). Cada frase deve ser produto de uma reflexão.

   Você terá menos chance de parecer apressado.

7. Abstenha-se de superlativos, aumentativos, diminutivos e adjetivos em demasia.

   Você terá menos chance de parecer pernóstico.

8. Faça poucas citações diretas: opte por reescrevê-las, creditando as informações e ideais aos seus autores.

   Você terá menos chance de ser tido como um mero compilador.

9. Use as notas de rodapé para definições e informações que, embora sucessivas, acabam truncando por demais o texto.

   Você terá menos chance de parecer óbvio.

10. Lembre-se que você está escrevendo para um leitor real.

    Não vale a pena escrever para não ser lido.

Todo prazer tem o seu preço (ou "Os dez mandamentos da produção científica")

1 Não cobiçarás o tema do teu próximo, porque a grama do jardim do teu vizinho não é mais verde.

2 Não pesquisarás o que está apenas na tua cabeça, a menos que o estudo seja precisamente sobre ela.

3 Não investigarás tema sem fonte, porque a tua tarefa é fazer os dois se comunicarem.

4 Não te perderás em meio à falta ou ao excesso de planejamento, a menos que a tua genialidade te permita prescindir dele.

5 Não desprezarás a rotina, porque ela pode te liberar para o exercício da criatividade.

6 Não menosprezarás as normas, a menos que pretendas transformá-las.

7 Não te julgarás incompetente, porque não o és, até prova em contrário.

8 Não escreverás uma obra-prima, a menos que já estejas maduro para produzi-la.

9 Não farás uma colcha de retalhos, porque és capaz de um trabalho verdadeiramente intelectual.

10 Não ignorarás os teus leitores, a menos que te aches mais importante do que eles.

Sugestões bibliográficas

CIPRO NETO, Pasquale. *Inculta & bela*. São Paulo: Publifolha, 1999. (O autor mantém uma valiosíssima coluna no jornal Folha de S.Paulo.)

GARCIA, Luiz (org.). *Manual de redação e estilo* [de O Globo]. 20ª ed. Rio de Janeiro: Globo, 1994.

GARCIA, Othon M. *Comunicação em prosa moderna*. 26ª ed. Rio de Janeiro: FGV, 2006.

MARTINS, Eduardo (org.). *Manual de redação e estilo* [de O Estado de São Paulo]. São Paulo: O Estado de São Paulo, 1990.

NUNES, Mário Ritter. *O estilo na comunicação*. Rio de Janeiro: Agir, 1972.

Capítulo 2

*Sem livros, a história é silenciosa, a literatura é muda,
a ciência é paralítica e o pensamento se fossiliza.*

– Barbara W. Tuchman

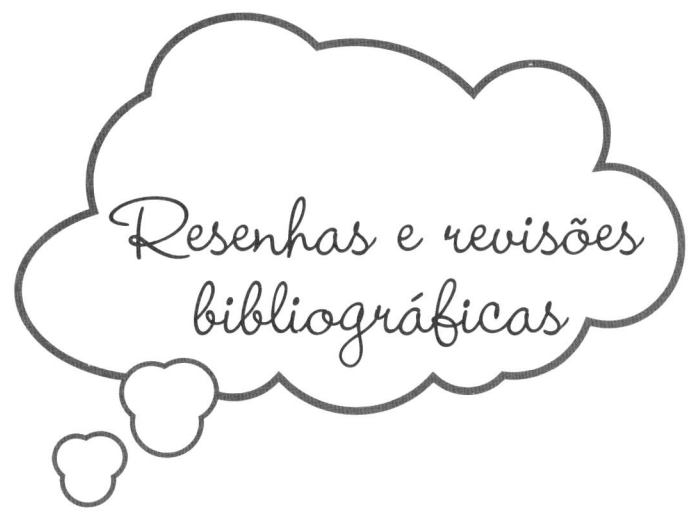

Diretrizes gerais

Esta seção apresenta alguns subsídios para a preparação de resenhas (também chamadas de resumos críticos) e revisões bibliográficas (também chamadas de revisões de literatura). Tais subsídios devem ser tomados como uma ferramenta para o iniciante e sintetizam a prática mais comum utilizada nos jornais de grande circulação e mesmo em revistas especializadas. No interior de um curso universitário, eles podem tomar outros contornos.

A resenha é uma apreciação sobre determinada obra. Seu objetivo principal é incentivar a leitura do livro e dialogar com o seu autor.

A revisão bibliográfica é uma compilação crítica e retrospectiva de várias obras acerca de um determinado assunto. Seu objetivo é sintetizar o estatuto da discussão de determinado tema, como aparecem nesses livros, e também dialogar com os seus autores.

Ambas as produções exigem leitura e análise crítica do material coletado. Ao escrever seu texto, seja uma resenha ou uma revisão, tenha em mente o espaço delimitado, os objetivos propostos e o público-alvo. Com isto claro, faça um esboço do que vai escrever.

Leitura e análise

A seguir são apresentadas algumas sugestões de procedimentos quanto à leitura e análise de livros. Destinam-se àqueles que vão resenhar pela primeira vez.

A leitura

Pode-se falar em quatro níveis de leitura.[1] A leitura elementar é aquela que fazemos no primeiro estágio de aprendizado: nada se exige do livro, nem do leitor. Na leitura inspecional, procura-se tomar conhecimento geral do texto, sem se deter no conteúdo total da obra. Na leitura analítica, há uma preocupação em interpretar o conteúdo do livro em exame. No último nível, leitura sintóptica, há um empenho mais em relacionar comparativamente o conteúdo dos livros a partir de tópicos preliminarmente estabelecidos.

As leituras inspecional e analítica fazem parte do processo de preparação de uma resenha. A leitura sintóptica constitui a essência das revisões bibliográficas.

A leitura inspecional

Na leitura inspecional, fazem-se dois exercícios: a pré-leitura e a leitura superficial.

- A pré-leitura, indispensável, consiste em perceber genericamente do que trata o livro que se lê. Para tanto siga estas sugestões:

---

[1] O ensino é de ADLER, M.J., VAN DOREN, C. *A arte de ler*. Rio de Janeiro: Agir, 1974, *passim*.

1. Leia a folha de rosto e o seu verso, onde são informados: título, autor, editora, local de edição e data; e ainda (variantemente): tradutor, título original, ficha catalográfica, datas das edições, data do copyright (primeira edição), etc. Com isto, você terá uma primeira visão geral.

2. Leia a publicidade sobre o livro que se encontra em dois lugares: nas orelhas (quando existirem) e na quarta capa. Isto lhe dará uma ideia, embora de forma acrítica, do conteúdo do livro.

3. Leia o sumário (erroneamente chamado de índice) para lhe fornecer também uma noção geral do conteúdo do livro. Às vezes, o sumário não diz nada, nesse caso, veja sugestão 5 abaixo.

4. Leia o prefácio e/ou prólogo e/ou apresentação. Com isto, você vai entrando mais ainda no corpo do livro. Essa é uma parte do livro bem humana, geralmente escrita na calorosa primeira pessoa do singular.

5. Passe os olhos sobre os capítulos, para ver em linhas gerais o que cada um quer dizer.

6. Veja as referências bibliográficas (ao final do livro e/ou nos capítulos e/ou nas notas de rodapé). Pelos autores consultados, você já vislumbra o contorno geral do pensamento do autor.

7. Veja os índices remissivos, analíticos, temáticos e onomásticos, quando existirem, no final do volume. Infelizmente, é já uma desgraçada tradição os livros em língua portuguesa não conterem índice.

Em toda essa etapa, você terá gasto uns trinta minutos. Que serão valiosos ao final do processo.

- A leitura superficial consiste em ler o livro todo de uma vez, sem preocupações interpretativas.

Leituras suplementares

Depois disso, procure ler outros textos que informem sobre o assunto e o autor. Tais informações podem ser encontradas em outros livros e enciclopédias. Mesmo que já conheça algo do assunto, será sempre bom fazer leituras suplementares.

A análise

Ler é entender. A leitura pressupõe análise e, aqui, estão algumas sugestões para uma análise mais competente.

I. Co-Nasça com o livro, isto é, deixe-se penetrar pelo sentido do texto. Deixe que ele fale, como se você acreditasse perdidamente no texto. Apaixone-se por ele, como se estivesse escrevendo você mesmo o livro. Torne o autor um amigo seu. Só assim você aprenderá o seu conteúdo. A crítica virá depois.

II. Destaque as questões relevantes: retire do texto os trechos em que as questões mais importantes são apresentadas. Escolha um método de marcação. Você tem duas opções: riscar o livro ou anotar numa ficha separada. Adote um sistema e siga-o até o final. Para os destaques, sugerimos quatro tipos de marcações:

- uma barra vertical [/] em toda a extensão do trecho relevante;

- duas barras verticais [//] em toda a extensão do trecho ainda mais relevante;

- uma barra [/] e a palavra "tese" naquilo que lhe parecer central no livro;

- duas barras [//] e a expressão "grande tese" naquilo que parecer ainda mais central no livro;

- sublinhar o que merecer uma citação formal no conteúdo de seu resumo.

Aqui poderão surgir alguns problemas. Pode ser que o que parece relevante, ou mesmo relevantíssimo, ao final não pareça tanto. Ótimo. Ao rever cada marcação, você fará uma nova seleção agora mais crítica.

Há dois outros tipos de marcação que podem ser úteis:

- a interrogação [?] será usada naquilo que, de antemão, você achar duvidoso no texto;
- a exclamação [!] será empregada quando encontrar algo curioso ou interessante.

Assim, quando folhear de novo o livro, você terá um mapa das grandes ideias nele contidas, dos pontos criticáveis e dos traços curiosos.

III. Analise o livro. Você chegou, então, ao ponto central de seu caminho: a análise do conteúdo e da forma com os quais está trabalhando. O objetivo da análise é apontar os problemas, falar sobre a relação proposta/realização, revelar a ideologia e fazer um juízo de valor sobre o texto. Veja alguns procedimentos que lhe ajudarão a desenvolver esta etapa.

1. Estabeleça a suspeita. Duvide da validade daquilo que o autor diz. Verifique se os fatos que ele conta são verdadeiros; pergunte se as conceituações feitas correspondem ao objeto investigado; indague se são válidas as respostas dadas pelo autor aos problemas levantados.

2. Compare as argumentações do autor com as de outros autores. Isso é imprescindível para que sua crítica tenha fundamento e não seja um mero achismo. A sua opinião é importante, mas você não deve refutar um equívoco com outro equívoco.

3. Critique o tratamento dado: há documentação? Há objetividade? Há clareza?

4. Critique a organização do material. Às vezes, o material é bom, mas está de tal forma disposto que põe a perder boa parte do trabalho.

5. Veja se os objetivos propostos pelo autor foram alcançados no livro.

6. Indique a ideologia do texto. Todos nós temos nossas concepções, havendo uma estrutura ideológica em tudo que afirmamos, já que a neutralidade não existe. Cabe-nos, então, perguntar se os pressupostos do autor estão claros ou se ele os esconde, mascarando-os. O que está por trás do texto? Que interesses o autor defende? Quem ganha com o triunfo de suas ideias? O que quer ele, afinal, ao dizer isso? Estas são as perguntas necessárias.

7. Mostre a validade ou não das propostas do autor. É preciso ter opinião sobre o livro e comunicá-la ao leitor da resenha.

Resenha

Por ser a apreciação crítica de determinada obra, a resenha visa incentivar a leitura do livro comentado. Trata-se, geralmente, de um texto curto para publicação em periódicos especializados. Seu tamanho será determinado por quem o solicitar. Pode variar entre cinco mil (para jornais não especializados) e dez mil caracteres (para publicações científicas). As três seções principais da resenha são: introdução, resumo e opinião.

I. Introdução. Nesta parte, que deve ser breve, procure contextualizar o assunto de que trata o livro. Discuta a relevância do assunto. Assim, o leitor fica localizado no tempo e no espaço. O objetivo da introdução é levar o leitor a ler a resenha (e não o livro!).

II. Resumo. Ocupe-se, então, em resumir o livro. Você terá aqui duas opções: um resumo sem crítica aberta ou um resumo com crítica.

No resumo sem crítica aberta, você simplesmente apresenta as ideias principais do autor (já estabelecidas na etapa anterior), concatenando-as e ordenando-as. Elas não devem ser jogadas uma atrás da outra: sempre um parágrafo ou uma frase deve ser relacionado com o que vem antes e depois. Esta opção é a de domínio mais fácil.

No resumo com crítica, você já vai exercendo a sua opinião, mostrando os pontos falhos, revelando as ideologias, destacando os pontos válidos, etc. Semelhante opção apresenta inúmeras dificuldades, embora pareça mais atraente.

Surge aqui o problema da citação formal: elas devem aparecer, mas não em muita abundância. No caso do resumo com crítica, as citações formais (com aspas) ocorrerão mais. Sempre que elas ocorrerem, devem ser seguidas de indicação das páginas de onde foram extraídas. Quando há a reelaboração do texto, a indicação não é necessária.

III. Opinião. Ao analisar o livro, você recolheu um vasto material. Agora, selecione esse material, ordene-o e apresente-o em sua conclusão.

- O livro tem alguma validade?
- Que tipo de validade?
- O que falta ao livro?
- Há alguma originalidade?
- A leitura é agradável?

Há um sem número de aspectos que você pode considerar. E esses aspectos também devem estar bem inter-relacionados. Quando for apontado algum senão, será útil indicar a página em que o leitor possa conferir.

Redação e apresentação

A resenha deve possuir um título diferente do nome do livro comentado. A redação deve ser direta, sem entretítulos, e a passagem de uma parte para outra deve ficar evidente pela organização interna da resenha. A folha de rosto deve conter todos os elementos para a identificação da resenha. Veja, para maior clareza, o Modelo 1, na página 225.

A primeira página do texto deve começar com uma referenciação completa da obra. Esta e as demais diretrizes aqui expostas podem ser apreciadas no Capítulo 11, "Exemplos". Um complemento pode ainda ser encontrado no Capítulo 6, sobre a preparação de "Artigos para publicações científicas".

Ao final do capitulo você encontrará um útil roteiro para a elaboração da redação de uma resenha no Quadro 1.

Revisão bibliográfica

Se a resenha é uma apreciação sobre determinada obra, a revisão bibliográfica (ou revisão de literatura) visa, por meio de uma compilação crítica e retrospectiva de várias obras, demonstrar o estágio atual da pesquisa em torno de determinado objeto.

Não se trata de um texto original. Antes, é um trabalho comparativo que permite ao autor avançar em relação ao seu tema e criticar o tratamento dado ao assunto pelos autores pesquisados.

A revisão pode ser preparada como artigo para uma revista especializada ou elaborada para integrar um capítulo de um trabalho maior.

Introdução

Na introdução, delimite o assunto que lhe interessa analisar nos livros revistos. Indique os contextos históricos dos livros e o que significaram na época em que surgiram. Procure interessar o leitor a ler sua revisão, este é o objetivo da introdução.

Desenvolvimento

Reescreva, resumindo, as principais contribuições deixadas pelos autores. Para tanto, organize o material temática e cronologicamente. Só considere aqueles aspectos que façam parte do escopo da revisão. Não resuma, portanto, tudo o que autor disse, mas apenas o que ele escreveu sobre o assunto.

Suponhamos que seu assunto seja a discussão sobre a controvérsia ensino público versus ensino privado. Possivelmente, o livro de um determinado autor trate de outros temas correlatos. No entanto, você comunicará apenas aquilo que ele desenvolveu sobre essa matéria.

Não se perca em detalhes. Procure pôr em destaque as linhas centrais do pensamento dos autores, um a um. A documentação deve seguir os mesmos procedimentos para uma monografia.

Crítica

Você pode apresentar sua crítica de duas formas: numa, você dialoga com autor, ao mesmo tempo em que apresenta as contribuições dele; noutra, você deixa o comentário para o a seção específica de crítica. O resultado deve ser um diálogo com os autores, no qual se evidenciem os eventuais avanços e equívocos de cada um.

Redação e apresentação

Os procedimentos a serem seguidos na redação, documentação, apresentação e editoração são os mesmos indicados para os trabalhos científicos em geral. Veja o roteiro no Quadro 2, logo a seguir.

Sugestões bibliográficas

ADLER, M.J., VAN DOREN, C. *A arte de ler*. Trad. José Laurênio de Melo. Rio: Agir, 1974.

Revisões bibliográficas publicados no BIB (Boletim Informativo e Bibliográfico da ANPOCS).

Seções de resenhas e revisões bibliográficas das revistas especializadas.

Na Internet, consultar o site da PUC-RS: Como elaborar uma resenha. Disponível em <http://www.pucrs.br/gpt/resenha.php>.

Quadro 1

Roteiro para a elaboração de uma resenha

Estrutura geral

Introdução

Os objetivos da introdução são:
- contextualizar o autor e sua obra no universo cultural, mostrando a genealogia da obra;
- interessar o leitor pela resenha e pela obra em questão.

A introdução deve ocupar entre 10 a 20% da extensão total da resenha e conter:
- parágrafo de interesse;
- contextualização do autor e da obra;
- parágrafo de transição para o resumo.

Resumo

Os objetivos do resumo são:
- resumir (reescrever sinteticamente) o conteúdo da obra;
- destacar as linhas centrais do pensamento do autor

O resumo deve ocupar entre 60% e 70% da extensão total da resenha e conter:
- introdução: resumo do resumo, para mostrar as partes constitutivas básicas da obra;
- resumo: síntese do pensamento do autor;
- conclusão: fecho do resumo;
- parágrafo de transição para a opinião.

Opinião

Os objetivos da resenha são:
- apreciar a obra, recomendando-a ou não ao leitor;
- fazer sugestões ao autor e/ou editor (editora) da obra.

A crítica deve ter entre 20 e 30% da extensão total da resenha e conter:
- juízo sintético sobre a obra;
- explicação do juízo;
- sugestões ao autor;
- apreciação final (recomendação de leitura).

A crítica deve considerar os seguintes itens.
- Quanto à edição:
  - erros/acertos quanto à revisão textual;
  - in/existência (e atualidade) de índices, ilustrações, etc.;
  - apresentação (capa, folhas de rosto, impressão, etc.).
- Quanto ao conteúdo:
  - Erros/acertos quanto às informações veiculadas (datas, nomes, estatísticas, etc.);
  - Seriedade da documentação (extensão, qualidade e atualidade das referências bibliográficas intermediárias e finais; uso crítico dos autores, critério das citações, etc.);
  - In/consistências (contradições);
  - Disposição do material (sequência lógica, organização equilibrada, etc.).
- Quanto às ideias:
  - Diálogo com as ideias básicas do autor;
  - Desvelamento ideológico de suas propostas e análise das suas consequências;
  - Avaliação dos argumentos apresentados.

Aspectos formais

- Título da resenha (criativo, diferente do título da obra, breve e substantivo) ao alto, no centro.
- Referenciação da obra conforme as normas da ABNT, ao alto, à direita.
- Redação direta sem entretítulos, com a divisão se evidenciando pela organização do texto.
- Citações formais indispensáveis (in loco: páginas indicadas entre parênteses).
- Folha de rosto bem disposta, com título da resenha ao alto, autor da resenha no centro, finalidade do trabalho no centro, abaixo; instituição, local e data bem abaixo. Veja o Modelo 1, p. 225.

Quadro 2

Roteiro para a elaboração de uma revisão bibliográfica

Estrutura geral

Introdução

A introdução deve:
- delimitar o assunto (tema) e indicar os problemas que serão tratados;
- situar genericamente a produção bibliográfica relativa ao tema;
- indicar o contexto em que cada estudo foi produzido;
- interessar o leitor pela revisão e pelo tema em questão.

A introdução deve ter cerca de 10% da extensão total da revisão e conter:
- parágrafo de interesse;
- delimitação do assunto e indicação dos problemas;
- parágrafo de transição para o desenvolvimento.

Desenvolvimento

Os objetivos do desenvolvimento são:
- resumir (reescrever sinteticamente) as informações oferecidas pelos autores em relação ao tema;
- destacar as linhas centrais do pensamento dos autores.

O desenvolvimento deve ocupar cerca de 70% da extensão total da revisão e conter:
- resumo com a síntese do pensamento dos autores;
- parágrafo de transição para a crítica.

Crítica

A crítica visa:
- dialogar com os autores, destacando o avanço/equívoco de cada autor;
- indicar caminhos a serem seguidos no estudo do tema.

A crítica deve ter cerca de 20% da extensão total da revisão, contendo:
- avaliação global do estágio do assunto a partir dos autores apresentados;
- destaque dos pontos fortes e fracos de cada autor;
- indicação de caminhos a serem seguidos.

Aspectos formais

- As diretrizes para a redação, documentação, apresentação e editoração são as mesmas oferecidas para monografias.
- Referenciação das obras conforme as normas da ABNT.
- Redação direta com ou sem entretítulos, dependendo da extensão da revisão bibliográfica.

Capítulo 3

A perseverança firme, organizada e contínua raramente falha em seu propósito, porque seu poder silencioso torna-se cada vez mais irresistível com o tempo.

– Goethe

Abertura inacabada à natureza do pesquisar

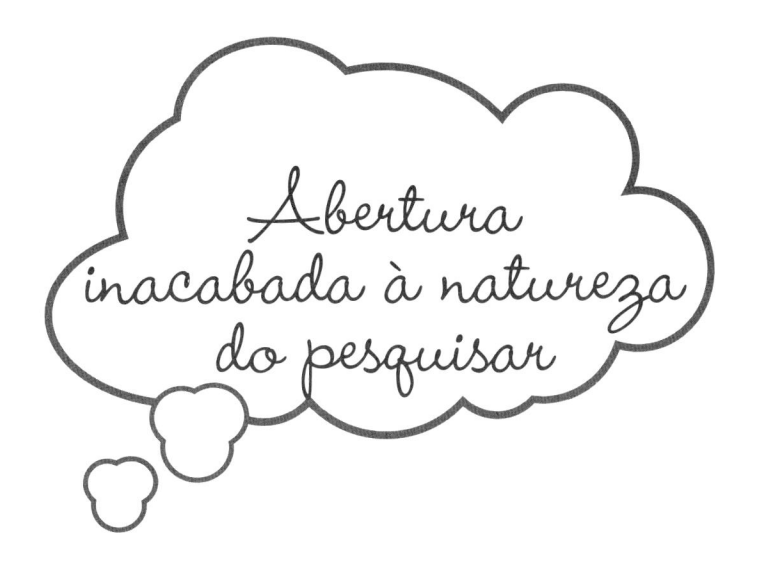

Pesquisar é preciso

Nenhum estudante cresce quando se contenta com o mínimo. Quando ele se envolve com atividades de pesquisa, é como se ele fizesse um curso dentro de um curso. É mundo novo que lhe abre. A experiência se assemelha à descoberta da leitura.

Nem todos, no entanto, pensam assim. Mesmo aqueles que pensam, nem todos conseguem levar a cabo seus propósitos. Por isso, começo com uma frase de efeito: um pesquisador é um ser que tem os prazeres mais estranhos...

Há alguns anos pesquisava sobre um dos aspectos da história das mentalidades na primeira fase da república brasileira. Era um trabalho em equipe, cabendo o planejamento, a orientação e a produção do livro final.

Tudo correu bem nos quatro anos de trabalho e chegamos ao texto final. Redigi-o todo, sempre escravo de algo arquitetônico que me persegue: a simetria. Se falo de algo num capítulo, procuro ver o seu desenvolvimento ao longo de todo o período estudado. Foi assim com a inflação, para a qual preparei uma lista de índices de 1884 a 1932. Não foi fácil achar os registros anos após anos, embora nem sempre os dados fossem relevantes. Apenas a simetria o exigia. Também não foi fácil converter as várias moedas (réis, dólares e libras), mas eu queria que o leitor do tempo do cruzeiro (alguém se lembra? o livro foi publicado em 1984) entendesse.

No entanto, não foram apenas esses os meus pesares e prazeres. Houve um mais profundo. Uma das personagens centrais do período investigado era um norte-americano chamado Lilburn C. Irvine. Gastei horas, dias e meses atrás do "C" do seu nome. Ninguém no livro estava assim: todos estavam completos. Desisti. Perto de mandar o livro para a gráfica, veio a revelação.

Uma de minhas fontes era um jornal, que todo ano publicava uma lista de pessoas que enviavam votos natalinos. Resolvi conferir. Folheei dezenas de edições. Numa, encontrei: Lilburn Cawe Irvine. Confesso: foi uma das grandes alegrias da minha vida. O livro saiu sem essa incógnita.

Só um pesquisador pode se alegrar com uma coisa estranha dessas...

Evidentemente, um pesquisador não é alguém preocupado apenas com detalhes, mas alguém que também sente prazer neles. É neles que a maioria fracassa.

Conhecemos as etapas da pesquisa: planejamento, coleta, análise e redação. Todos sabem como realizá-las, mas nem todos as cumprem.

O planejamento tem dois momentos cruciais: a delimitação do objeto e a fixação do cronograma. Com algum exagero, digo que são alguns detalhes (presentes ou ausentes) que tornam a delimitação genérica demais ou curta em demasia. O resultado é a pesquisa torta... de nascença.

No cronograma, além daquele erro banal de não cumprir o planejado, há outro: não prever, por exemplo, uma semana para recuperação de atividades não desenvolvidas. Não há pesquisador que cumpra prazos, a menos que preveja que não os vai cumprir.

Na hora de registrar os dados, todos somos cuidadosos. Na hora de reunir os dados e/ou escrever o texto, devolvida a fonte à biblioteca ou ao arquivo, notamos a falta de um dado mínimo, mas que não nos permite a fluência desejada.

Quando chega o tempo da análise, achamos ter reunido todos os autores capazes de nos dar um quadro geral e particular dos problemas. No entanto, na hora de "fechar" a interpretação, falta-nos uma ideia capaz de dar consistência ao nosso "castelo". Sabemos que um determinado autor esboçou a teoria, mas quem foi mesmo?

A parte mais fácil, que é a escritura, tem muito de inspiração, transpiração e atenção. A primeira vem quando ficamos grávidos do assunto. A segunda é esforço mesmo. A terceira é o cuidado de não nos deixarmos surpreender pelos detalhes: uma página não anotada, por exemplo, é fonte para o mais chato dos desesperos... às vezes simplesmente irreparável.

Todos estes três mil bytes iniciais foram só pra dizer: preste atenção nos detalhes. Prestar atenção neles não faz de ninguém um pesquisador, mas nenhum pesquisador despreza os detalhes, para que sejam fonte de prazer e não de aborrecimento.

Distância de Bizâncio

Se uma pessoa distante do mundo da pesquisa olhar para o sumário de um livro, para as notas de rodapé, ela terá a sensação de que os pesquisadores gostam mesmo do detalhe pelo detalhe. Não é verdade.

Aqueles dados aparentemente tão bizantinos aos olhos de um ocidental comum são capazes de mudar o mundo. Um pesquisador crê nisso. Não tem sentido pesquisar apenas para a satisfação íntima da descoberta. Os dados só têm sentido quando disseminados... disseminados porque capazes de transformar as vidas das pessoas.

Se o objeto não tiver este condão, é melhor procurar outro. Nesse sentido, uma atividade de pesquisa se assemelha ao processo de viver, que só tem sentido quando visando o bem comum. No presente tempo de individualismo exacerbado, importa repetir que a relevância social é o critério máximo. É a relevância que nos manterá presos a um tema, mesmo nas horas do desânimo e do desejo de buscar outra freguesia.

Parodiando Karl Marx, a tarefa do pesquisador não é estudar o mundo, mas estudá-lo para transformá-lo. A menos que queira ser inútil.

Parece que os governantes de alguns países creem tanto nesta possibilidade transformadora da investigação científica que fazem minguar cada vez mais os recursos para a pesquisa. Eles justificam os cortes denunciando sua inutilidade, quando, na verdade, temem mesmo é sua utilidade revolucionária.

Da necessidade de insistir

Mas, neste momento, entra a terceira virtude do pesquisador: a teimosia.

A teimosia em pesquisar, mesmo contra tudo e contra todos, deriva do prazer que ela oferece. É como o amor: às vezes, parece que não vai resultar em nada, mas não há como apagar sua chama.

A teimosia advém da maturidade, feita de penetração em caminhos não pensados, porque pesquisar é isto.

Um pesquisar não desiste nunca. Se o tema está difícil, ele não desiste: corrige o tema ou o modifica. Se os recursos estão escassos, berra, mas não para de correr atrás das fontes. Se o cronograma está apertado, as noites são encurtadas. Se o orientador está reticente, procura-o até ouvir o que precisa.

Capítulo 4

Minha preocupação dominante é limitar e circunscrever o mais possível a vastidão das nossas investigações, uma vez que estou convencido que [...] é necessário encerrar finalmente a era das generalidades.

– *Émile Durkheim*

Projetos de pesquisa

Elementos constitutivos

É impossível executar uma pesquisa sem que se faça antes o seu projeto, que consiste no planejamento das diversas etapas a serem seguidas e na definição da metodologia a ser empregada ao longo da pesquisa.

Um projeto de pesquisa é um texto que não se confunde com o relatório (monografia) de pesquisa. Alguns autores induzem essa confusão ao falar em relatório de projeto de pesquisa, o que não existe. O que existe é relatório de pesquisa. O projeto de pesquisa é uma etapa específica, e sua realização (a pesquisa) é outra etapa.

Os modelos de projetos variam, mas essencialmente devem conter os seguintes elementos, entre outros:

- delimitação do tema
- justificativa do tema
- fontes para a pesquisa
- problemas da pesquisa

- procedimentos na coleta e análise dos dados
- plano preliminar
- aspectos operacionais

Quanto à sua forma, um projeto de pesquisa deve ser redigido com o verbo no futuro, observada a estrutura do Quadro 3, na página 54.

A escolha do assunto

O resultado de uma pesquisa depende da adequada escolha do assunto (tema, objeto, problema) a ser investigado. Por isso, no processo de seleção do objeto, o pesquisador deve considerar os seguintes aspectos:

I. Quanto ao pesquisador, um bom tema é aquele que responde aos interesses teóricos do pesquisador. Além disso, em relação a seu objeto de pesquisa, o pesquisador deve:

- demonstrar um razoável grau de curiosidade tanto sobre seus aspectos gerais quanto os particulares;
- ter alguma experiência, havendo desenvolvido alguma pesquisa em área imediata ou correlata;
- deter um razoável conjunto de conhecimentos acumulados;
- manter uma postura crítica, decorrente de suas leituras na área;
- dispor de condições para alcançar amplitude e profundidade em relação ao problema, considerados os seus limites pessoais.

II. Quanto ao tema, ele deve possibilitar fontes acessíveis e confiáveis de consulta. Na escolha, a decisão deve ser precedida de uma verificação do que já existe sobre o assunto e aspectos correlatos. Além disso, o tema deve:

- ser relevante científica e socialmente;
- poder ser desenvolvido num quadro metodológico ao alcance do pesquisador;
- mesmo que já estudado, ter áreas que ainda possam ser exploradas;
- poder ser pesquisado no limite de tempo disponível para a realização da pesquisa.

Itens essenciais

Vários elementos constituem um projeto de pesquisa, dependendo da orientação seguida pela instituição ao qual será submetido. Serão apresentados aqui os mais comuns, conquanto possa haver discrepância de terminologia entre os diversos modelos.

Delimitação

A delimitação (também chamada de "problema" ou "situação-problema") consiste na indicação de modo breve (no máximo, 1500 caracteres) do tema a ser pesquisado. Além de breve, esta indicação deve ser clara e precisa, tanto para o pesquisador quanto para o leitor. Uma delimitação deve ser a mais específica possível.

A delimitação deve definir claramente o campo do conhecimento a que pertence o assunto, bem como o lugar que ocupa no tempo e no espaço. Assim, um bom assunto na área de história da educação poderia ser: "um estudo sobre a contribuição de Zeferino Vaz para a criação da Universidade Estadual de Campinas". O tema está bem delimitado porque indica o campo do conhecimento (história da educação superior), o local onde será feito o estudo (Campinas) e o seu tempo (a época da criação da Universidade: anos 60).

Por oposição, um tema mal delimitado poderia ser: a contribuição de Zeferino Vaz à universidade brasileira. Essa delimitação é ruim porque só define o campo do conhecimento, deixando o assunto por demais vago.

Em resumo, a delimitação deve definir o campo geral e o específico do conhecimento onde se situa a pesquisa, o espaço (geográfico) onde se realiza e o período (cronológico) que abarca.

Justificativa

Nesta seção, o pesquisador procura demonstrar (a si mesmo e ao seu leitor) o valor do seu objeto de estudo. Para isso, destacará a relevância do assunto, tanto em termos acadêmicos quanto em seus aspectos de utilidade social, mostrará a viabilidade do tema enquanto objeto de pesquisa e indicará as razões de ordem pessoal que o levaram a eleger este tópico do conhecimento.

A seção deve ser redigida a partir das seguintes perguntas:

- O que esta pesquisa pode acrescentar à ciência na qual se inscreve? (Relevância científica.)

- Que benefício poderá trazer à comunidade com a divulgação do trabalho? (Relevância social.)

- O que levou o pesquisador a se inclinar por tal tema e, por fim, o escolher? (Interesse.)

- Em termos gerais, quais são as possibilidades concretas de esta pesquisa vir a se realizar? (Viabilidade.)

Quadro teórico-metodológico

Embora o método empregado possa ser assumido como um pressuposto, é útil explicitá-lo no projeto de pesquisa. É fundamental que o pesquisador tenha clareza sobre o referencial teórico-metodológico em que navega. Isso orientará sua busca das fontes e seu diálogo com elas. De igual modo, dirigirá uma procura adequada das ferramentas auxiliares de sua pesquisa.

No entanto, será preciso tomar cuidado com referência a dois extremos. De um lado, não é boa prática esquecer que a pesquisa é sempre feita num lugar epistemológico e social. Trata-se de uma verificação óbvia e que deve estar sempre diante de nós. Ignorar tal condição pode tornar superficial o nosso trabalho. O que não quer dizer que o trabalho necessariamente deva ter um capítulo sobre o enfoque metodológico adotado. Significa, antes, que o enfoque deve estar claro para o pesquisador e perceptível para o leitor que queira considerá-lo.

O outro extremo é tornar a discussão acerca do método tão relevante que ele passa a ter vida própria... Isto é, o trabalho final tem um capítulo sobre o enfoque adotado, só que o texto a seguir não o reflete. É comum, por exemplo, numa dissertação ler-se uma seção inicial sobre o método fenomenológico. Quando se lê o texto total, não há qualquer indício de que a fenomenologia esteve nos quadros mentais do autor ao escrever seu trabalho. Em outras palavras, o autor concordou em incluir um capítulo dessa natureza, mas se esqueceu de concordar consigo mesmo...

Fontes

Neste tópico, discute-se a natureza das fontes que serão empregadas, bem como as razões de suas escolhas e a forma como serão utilizadas.

Aqui ainda não é o lugar para se relacionar exaustivamente as fontes, mas apenas o espaço para indicar o tipo de material a ser empregado, se fontes primárias ou secundárias, se bibliográficas ou testemunhais.

Problemas e hipóteses

Problemas são as perguntas que a pesquisa pretende responder. Colocar os problemas em forma interrogativa torna-os mais diretivos, por demandarem uma resposta clara.

Já as hipóteses são as respostas provisórias (anteriores à pesquisa) que o pesquisador oferece. O resultado pode negá-las ou confirmá-las.

Um bom procedimento é trabalhar com um problema e uma hipótese centrais, aos quais se submetem vários (quatro ou cinco) problemas e hipóteses corolários (ou secundários). O problema central é aquele que norteará toda a pesquisa. O mesmo se aplica a sua contrapartida, a hipótese. Assim, por exemplo, o tema delimitado acima poderia ter o seguinte problema central:

- Qual foi o papel desempenhado por Zeferino Vaz na criação da Unicamp?

Parece óbvio e repetitivo, mas, embora o seja mesmo, ajuda muito a bem definir o que se pretende pesquisar. Juntos, poderiam ser elaborados outros problemas corolários, tais como:

1. Qual a situação do ensino público superior no Estado de São Paulo em geral e no sudeste paulista em particular nos anos 60?

2. Que modelos foram seguidos na formulação da proposta da Unicamp?

E assim, por diante.

A hipótese central poderia ser:

- Zeferino Vaz convenceu os dirigentes do Estado acerca da necessidade e viabilidade de uma universidade no sudeste paulista, formulou a sua proposta pedagógica e a dirigiu nos seus primeiros anos.

Uma vez mais, vale o óbvio como forma de deixar claro a que se quer chegar.

Procedimentos na coleta e análise dos dados

Aqui serão indicados os procedimentos a serem adotados na coleta, organização e interpretação dos dados. Será útil, portanto, informar as etapas a serem seguidas, o quadro teórico-metodológico onde se inscreve a pesquisa, o tipo de coleta e análise (interpretação ou abordagem) que será feito.

Trata-se do lugar adequado para se responder a duas perguntas gerais, entre outras:

- Como será organizado (internamente, para fins operacionais), lido e interpretado o material coletado nas diversas fontes?
- Como será organizado externamente (no trabalho final) o conjunto de informações que comunicará?

Plano preliminar

Trata-se de um esboço onde o pesquisador indica a sequência dos itens (capítulos e tópicos) a serem considerados no relatório final do trabalho (monografia, dissertação ou tese).

Limitações

Neste momento, o pesquisador elenca e discute os aspectos que tornarão a sua pesquisa menos significativa em termos de limitações teóricas, técnicas, cronológicas, entre outras. Não pretende tal seção defender o trabalho, mas apresentar uma autocrítica que é, ao mesmo tempo, um conjunto de desafios a serem vencidos.

Esta exigência pode ser feita propondo-se perguntas como:
- Que limitações (teóricas, técnicas, acesso às fontes, financeiras, condições de trabalho, disponibilidade de tempo) o pesquisador sabe que encontrará no desenvolvimento da sua pesquisa?

Aspectos operacionais

No tópico final, são especificados os recursos técnicos e materiais, e o orçamento (previsão de custos) necessários para a realização da pesquisa. Será útil ainda elaborar um o cronograma de suas várias etapas (com um calendário para todas as atividades, semana por semana).

Referências bibliográficas

Cabe aqui uma relação das fontes utilizadas para a elaboração do projeto. Obviamente, as fontes para a produção da pesquisa propriamente serão arroladas no relatório de pesquisa.

Sugestões bibliográficas

BARROS, Aidil de Jesus Pães de, LEHFELD, Neide Aparecida de Souza. *Projeto de pesquisa*: propostas metodológicas. 2ª ed. Petrópolis: Vozes, 1991.

CARDOSO, Ciro Flamarion S. *Uma introdução à história*. São Paulo: Brasiliense, 1981.

FAZENDA, Ivani. *Metodologia da pesquisa educacional*. 12ª ed. São Paulo: Cortez, 2010.

GIL, Antonio Carlos. *Como elaborar projetos de pesquisa*. 5ª ed. São Paulo: Atlas, 2010.

PÁDUA, Elisabete Matallo Marchesini. *Metodologia da pesquisa*: abordagem teórico-prático. Campinas: Papirus, 1996.

RUDIO, Franz Vitor. *Introdução ao projeto de pesquisa científica.* Petrópolis: Vozes, 1971.

WITTER, Geraldina (org.). *Pesquisas educacionais.* São Paulo: Símbolo, 1979.

Na Internet, consultar ALMEIDA, Paulo Roberto de. Falácias acadêmicas, 3: o mito do marco teórico. Disponível em <http://www.espaco-academico.com.br/089/89pra.htm>.

Quadro 3

Elementos constitutivos de um projeto de pesquisa

1. Assunto ou problema

1.1. Delimitação
1.2. Justificativa
    1.2.1. Relevância
        1.2.1.1. Relevância científica
        1.2.1.2. Relevância social
    1.2.2. Interesse
    1.2.3. Viabilidade

2. Quadro teórico-metodológico

3. As fontes

3.1. Natureza (geral)
3.2. Classificação
    3.2.1. Fontes primárias
    3.2.2. Fontes secundárias
3.3. Localização (e modos de acesso)

4. Procedimentos

4.1. Etapas gerais
4.2. Problemas
    4.2.1. Problema central
    4.2.2. Problemas corolários

4.3. Hipóteses
    4.3.1. Hipótese central
    4.3.2. Hipóteses corolárias
4.4. Coleta dos dados
4.5. Abordagem
    4.5.1. Natureza (geral)
    4.5.2. Especificação (particular)
4.6. Organização do material

5. Limitações

6. Planejamento operacional

    6.1. Recursos técnicos
    6.2. Previsão de custos
    6.3. Cronograma

7. Plano preliminar

8. Referências bibliográficas

Capítulo 5

O homem de ciência parece ser a única pessoa que tem algo a dizer neste momento e o único homem que não sabe como dizê-lo.

– *James Barrie*

Monografias, dissertações e teses

Estrutura geral

Um trabalho científico é um texto escrito para apresentar os resultados de uma pesquisa desenvolvida. Como parte do cumprimento de exigências funcionais acadêmicas, a monografia (requisito intermediário de disciplinas), a dissertação (requisito final do mestrado) e a tese (requisito final do doutorado) tratam de estudar um assunto particular.

Conforme qualquer trabalho científico, cada uma dessas tarefas representa a etapa final de uma investigação. A fase de produção do texto deve ser precedida obrigatoriamente dos seguintes passos, cuja nomenclatura pode variar de autor para autor, de instituição para instituição:

- o projeto de pesquisa, no qual são definidos, conforme exposto anteriormente, elementos como: delimitação do assunto, referencial teórico-metodológico, problemas a serem investigados, hipóteses a serem demonstradas, fontes a serem utilizadas, técnicas de coleta e análise dos dados escolhidos, plano preliminar (sumário tentativo) e cronograma de atividades a ser seguido;

- a coleta e análise dos dados reunidos.

Organização do texto

Não existe uma maneira única de organizar um texto científico, seja ele uma monografia, uma dissertação ou uma tese. Há várias formas, apesar de que, eventualmente, uma instituição possa adotar esse ou aquele paradigma. Os possíveis modelos serão explicitados a seguir, no tópico "Elementos textuais".

Como já salientado, um texto científico precisa tratar criticamente o material usado, seja ele documental (fontes escritas disponíveis) ou empírico (dados coletados pela intervenção do pesquisador na realidade). Em sua documentação, faculta-se o uso de sistema alfabético ou numérico, desde que uniformemente. A editoração (digitação, correção, margens, espaços, etc.) deve fazer sobressair a qualidade do texto.

Elementos constitutivos

A estrutura de um texto científico compreende três partes: elementos pré-textuais, textuais e pós-textuais.

Quadro 4

Elementos constitutivos de um texto científico

Elementos pré-textuais	Elementos textuais (modelo IRMRDC)	Elementos pós-textuais
capa folha de rosto folha de aprovação* epígrafe* dedicatória* agradecimentos* sumário lista de figuras* lista de tabelas* lista de siglas* lista de anexos* lista de abreviaturas* resumo	Introdução Revisão de literatura Materiais e métodos Resultados Discussão Conclusão **Elementos textuais (modelo IDC)** Introdução (primeiro capítulo) Desenvolvimento (diversos capítulos) Conclusão (último capítulo)	referências bibliográficas anexos ou apêndices* índice* glossário*

*Observação: Itens facultativos ou necessários apenas em determinados trabalhos.

Elementos pré-textuais

Capa (vide Modelo 3). Página especial que reproduz a folha de rosto, exceto o bloco ou parágrafo que descreve a finalidade do trabalho.

Folha de rosto (Modelo 4). Este item, também chamado de página de rosto, deve conter os seguintes elementos de identificação nesta ordem:

a) nome do autor;

b) título;

c) subtítulo, se houver;

d) número do volume: se houver mais de um, deve constar em cada folha de rosto a especificação do respectivo volume;

e) natureza: tipo do trabalho (tese, dissertação, trabalho de conclusão de curso e outros) e objetivo (aprovação em disciplina, grau pretendido e outros); nome da instituição a que é submetido; área de concentração;

f) nome do orientador e, se houver, do coorientador;

g) local (cidade) da instituição onde deve ser apresentado;

h) ano de depósito (da entrega).

Folha de aprovação (Modelo 5). Página que contém: autor, título, nomes e assinaturas dos componentes da banca examinadora. Geralmente, a instituição em que o trabalho é apresentado tem seu próprio modelo.

Epígrafe (Modelo 6). Página, cuja presença é opcional, em que se transcreve uma citação de outro autor que norteia o trabalho.

Agradecimentos. Página opcional em que se mencionam as pessoas e/ou instituições que contribuíram efetivamente para a realização do trabalho.

Dedicatória. Página opcional onde o autor homenageia pessoas queridas.

Sumário (Modelo 7). Parte em que são relacionados os capítulos, divisões e seções do trabalho, na ordem em que aparecem no texto e com indicação das páginas onde figuram. Não deve ser confundido com índice, que vem ao final e em ordem alfabética. As partes que precedem o sumário não devem ser referidas; contudo, anexos e apêndices, sempre que existirem, devem ser nele indicados.

Lista de figuras. A lista de figuras (gráficos, desenhos, fotos, mapas, etc.), quando necessária, deve ser apresentada em sequência numérica, com o título completo de cada uma e a página correspondente.

Lista de tabelas (Modelo 8). As listas de tabelas ou quadros, quando houver, devem seguir o disposto no item anterior para a lista de figuras.

Lista de siglas, abreviaturas e símbolos. As siglas, abreviaturas e símbolos utilizados, quando necessário, devem ser relacionados e acompanhados de seus respectivos significados.

Lista de anexos. Os anexos, quando houver, devem seguir o disposto nas recomendações referentes à lista de figuras.

Resumo (Modelo 9). O resumo deve apresentar, em forma concisa e clara, a essência da investigação e indicar a natureza do problema estudado, o método utilizado, os resultados mais importantes alcançados e as principais conclusões a que se chegou. Por meio do resumo, o leitor pode identificar sua pertinência aos seus interesses, apreender o sentido geral do trabalho e decidir se vai ler o texto completo ou não. Deve ter entre 1.000 e 5.000 caracteres e deve ser escrito na terceira pessoa do singular e com o verbo na voz ativa. As dissertações e teses devem conter uma versão do resumo para o inglês, chamada abstract.

Elementos textuais

O texto do trabalho propriamente dito é organizado conforme um dos dois paradigmas abaixo.

1. Modelo IRMRDC

Sua sigla designa as divisões que o texto deve apresentar: Introdução; Revisão de literatura; Materiais e métodos; Resultados; Discussão; Conclusão.[1]

---

[1] Para uma discussão mais detalhada sobre esses itens, veja-se o clássico DAY, Robert, GASTEL, Barbara, *How to write and publish a scientific paper*. 6th ed. Cambridge: Cambridge University Press, 2006.

Introdução. A introdução deve, com toda a clareza possível, tratar dos seguintes aspectos:

- delimitação da natureza e do escopo do problema (assunto, objeto, fenômeno);
- indicação das razões da escolha do tema e sua exequibilidade;
- estabelecimento do quadro teórico-metodológico empregado e sua relação com o objeto de estudo;
- indicação dos materiais empregados (se se tratar de uma pesquisa documental, deve-se discutir as fontes empregadas);
- indicação dos principais resultados da pesquisa;
- indicação das principais conclusões a que se chegou na pesquisa.

Revisão de literatura. A revisão da literatura relativa ao assunto, conforme discutido acima, visa permitir o assentamento de algumas informações, a fim de que o autor não tenha que oferecê-las no corpo do desenvolvimento, e orientar o leitor na análise do material sob seu exame.

Nessa seção, que se for breve pode até mesmo integrar a introdução, basicamente se discute o estágio da pesquisa do tema, nos parâmetros que tratarem direta e especificamente o assunto e em relação ao qual se quer avançar. Não deve ser apenas uma sequência de resumos, mas um exame crítico das contribuições dos autores (re)vistos. Para maiores detalhes, retornar ao Capítulo 2.

Materiais e métodos. O objetivo básico desta seção é oferecer informações com o detalhamento que permita ao leitor refazer (ou reproduzir) toda a pesquisa, caso queira conferir os dados apresentados. Visa, portanto, tornar possível a verificação dos dados apresentados pelo autor.

Aqui são informadas todas as especificações técnicas necessárias acerca dos materiais e dos equipamentos empregados. Se a pesquisa for documental, é indicada a natureza das fontes empregadas e a justificativa da sua escolha.

Do mesmo modo, a técnica empregada na análise dos dados é aqui explicitada, trate-se de uma pesquisa experimental, quase-experimental ou documental. Nessa seção, as medidas utilizadas devem ser também comunicadas. Geralmente, aqui aparecem as tabelas do texto.

Se a pesquisa for de natureza documental, a seção pode comportar também uma discussão acerca da periodização adotada ou das possibilidades teóricas de tratamento do objeto.

Resultados. No capítulo dos resultados, que pode ser considerado o coração do texto, oferece-se uma descrição panorâmica dos dados levantados. Para tanto, deve ter uma redação objetiva, exata e precisa. Se for longo, pode ser dividido em tópicos.

Discussão. Neste capítulo, discutem-se os resultados anteriormente descritos. Seu conteúdo visa interpretar os dados e não meramente recapitulá-los. Para tal, deve estabelecer os princípios percebidos, bem como generalizar a partir deles. As implicações dos resultados também não podem ser esquecidos, se se quer realmente fazer ciência.

No capítulo são também apresentadas as conclusões a que chegou o autor em sua pesquisa. Se preferir, pode-se criar um tópico só para essas conclusões, ao final do capítulo. De qualquer modo, não devem essas conclusões se confundir com a conclusão do trabalho, que tem outro escopo.

Conclusão. O escopo da conclusão é o seguinte:

- recapitulação (do conteúdo);
- autocrítica (em relação à pesquisa);
- sugestões (de aspectos a serem ainda pesquisados).

Quanto à sua extensão, deve ser aproximadamente do tamanho da introdução.

2. Modelo IDC

A sigla deste modelo se refere às três partes dos "Elementos textuais": Introdução; Desenvolvimento; Conclusão.

Introdução. O objetivo da introdução, sempre o primeiro capítulo do trabalho, é situar o leitor quanto ao tema tratado e os procedimentos utilizados. Dela devem constar os seguintes aspectos:

- delimitação do assunto;
- justificativa da escolha do tema;
- referencial teórico-metodológico subjacente à pesquisa;
- procedimentos adotados (fontes, problemas, hipóteses, técnica de coleta e análise dos lados);
- limitações à realização do trabalho;
- forma como o texto (desenvolvimento) está organizado.

É redigida sem subdivisões e deve ter entre 5 a 10% do corpo do trabalho. É escrita ao final do processo, com o verbo no pretérito.

Desenvolvimento. O desenvolvimento da parte textual se organiza em divisões e seções, que variam em função da natureza do assunto tratado e dos procedimentos adotados na coleta e análise dos dados.

Há várias formas de organizar o material coletado. Um procedimento é demonstrar cada hipótese num determinado capítulo. A conclusão pode vir ao final do capítulo ou ao longo da argumentação. Geralmente, após a introdução, escreve-se um capítulo de natureza geral, e outro, antes da conclusão, para fechar as conclusões.

Esquematizando, o desenvolvimento ficaria como uma das seguintes opções do quadro abaixo:

1. Introdução	1. Introdução
2. Título (discute a hipótese 1)	2. Título (discute a hipótese 1)
3. Título (discute a hipótese 2)	3. Título (discute a hipótese 2)
4. Título (discute a hipótese 3)	4. Título (discute a hipótese 3)
5. Título (discute a hipótese 4)	5. Título (discute a hipótese 4)
6. Conclusão	6. Título (apresenta os resultados gerais)
	7. Conclusão

Seja qual for o procedimento empregado, cada capítulo pode começar com uma epígrafe e deve ter um preâmbulo (onde se introduz o capítulo), antes de se entrar nas divisões. Dessa forma, cada capítulo pode apresentar:

- título do capítulo;
- epígrafe do capítulo;
- preâmbulo do capítulo;
- subdivisões.

Em qualquer caso, basta colocar o número do capítulo e o seu título. Não se deve escrever a palavra "capítulo" por extenso (vide Modelo 10).

Conclusão. Na conclusão, devem constar:

- recapitulação, em que os capítulos são sintetizados;
- autocrítica, em que o autor faz um balanço crítico do seu próprio trabalho;
- sugestões, em que o autor elenca temas e aspectos que podem ainda ser explorados em relação ao objeto estudado.

A conclusão também deve ser redigida sem subdivisões e deve ser aproximadamente do tamanho da introdução.

Muitas vezes, o estudante se pergunta pelo paradigma a seguir. A decisão deve ser tomada em função do tipo de pesquisa a se empreender. Em geral se pode dizer que o modelo IRMRDC é aconselhável para pesquisas de campo (sejam elas experimentais, quase-experimentais ou sociológicas) e que o paradigma IDC se aplica a qualquer tipo de pesquisa. Infelizmente, no entanto, boa parte dos orientadores de pesquisas se sentem melhor em camisas de força...

Elementos pós-textuais

Incluem-se, nesta divisão do trabalho, as referências bibliográficas, os anexos, os apêndices, o índice e o glossário.

Referências bibliográficas (Modelo 12). É uma lista em ordem alfabética das fontes (documentos, artigos e livros) empregadas (citadas diretamente ou apenas consultadas) pelo autor na elaboração de seu trabalho. Cada fonte deve ser apresentada de modo a permitir sua identificação pelo leitor.

Anexos e apêndices. São documentos, tabelas, quadros, questionários e outras informações que, embora sejam úteis, devem aparecer ao final do texto para não alongá-lo em demasia e não interromper a sequência lógica da sua exposição. Os anexos se referem a textos de terceiros, enquanto os apêndices são de autoria do próprio pesquisador. Havendo mais de um anexo ou apêndice, eles devem ser numerados sequencialmente (ex.: Anexo 1, Anexo 2, Apêndice 1, Apêndice 2, etc.).

Índice (opcional). Lista de assuntos, autores, pessoas e/ou instituições, dispostos em ordem alfabética. É recomendável na publicação do trabalho.

Glossário (opcional). Definição de termos técnicos utilizados. É mais útil na publicação do trabalho, visando alcançar um público menos especializado.

Documentação

O rigor exigido de um trabalho científico demanda uma documentação que permita ao leitor conferir todas as informações nela contidas. As fontes devem ser mencionadas segundo regras próprias que agilizam o trabalho do autor, que, ao conhecê-las, usa-as automaticamente, e facilitam o trabalho do leitor, que, ao vê-las coerentes, não terá quaisquer dificuldades para identificá-las, localizá-las e conferi-las.

A documentação num texto científico compreende as notas bibliográficas (documentação interna) nas citações e as referências bibliográficas (documentação final) na lista de fontes consultadas.

A documentação das citações (notas bibliográficas)

As citações — diretas, indiretas e dependentes — têm as suas fontes indicadas através das notas bibliográficas. Essas notas podem ser preparadas segundo dois sistemas de chamada: o sistema alfabético e o sistema numérico. No alfabético, a fonte é referida no próprio corpo do texto. No numérico, a fonte é indicada através de número que é explicitado no rodapé (ou, se for o caso, ao final do trabalho).

Sistema alfabético

No sistema alfabético, as fontes são mencionadas no próprio texto. O leitor tem que recorrer às referências bibliográficas no final para obter informação mais completa sobre as obras mencionadas. A citação de autores no texto deve obedecer aos seguintes procedimentos:

- Um autor: indicação do sobrenome do autor em maiúsculas, seguida do ano de publicação.

    Ex.: ALVES (1984) afirma que...

- Dois autores: indicação dos dois autores, separados por "&", seguida do ano de publicação.

    Ex.: Isto foi demonstrado por ALVES & BRANDÃO (1985)...

- Três ou mais autores numa mesma obra: indicação do primeiro autor, seguida da expressão "e outros" e do ano de publicação.

  Ex.: ALVES e outros (1986) afirmam que...

- Duas ou mais obras: indicação dos autores, ligados por "e", seguida do ano de publicação.

  Ex.: CHAUÍ (1987) e FREIRE (1988) argumentam...

- Congressos, conferências, seminários, etc.: menção ao nome completo do evento em maiúsculas, desde que considerado como um todo, seguido do ano de publicação dos anais ou livro.

  Ex.: Entre as conclusões do X CONGRESSO BRASILEIRO DE EDUCADORES (1991) está que nenhum professor...

- Documentos citados pelo título: grafia da primeira palavra em maiúsculas e as seguintes em minúsculas, seguidas do ano de publicação.

  Ex.: Em EDUCADOR: vida e morte (1982), os autores destacam o papel...

- Quando houver coincidência de autores com o mesmo sobrenome e data, acrescenta-se a inicial de seus prenomes.

  Ex.: FREIRE, G. (1938) demonstrou...

- As citações de diversos documentos de um mesmo autor, publicados no mesmo ano, são distinguidas pelo acréscimo de letras minúsculas, após a data.

  Ex.: ALVES (1980a) lembra...

- Citação de citação: primeiro, o autor do documento não consultado; depois, a expressão "citado por" e o autor da obra consultada, seguido da data. A menção a documentos não consultados diretamente deve se restringir ao mínimo necessário.

  Ex.: NIETZSCHE, citado por ALVES (1982), diz...

- No caso das citações diretas, é necessário acrescentar a página consultada.

    Ex.: ALVES (1984, p. 43) afirma: "De educadores a professores, realizamos o salto de pessoa para função".

- As indicações dos seguintes tipos de fontes devem ser remetidos para as notas de rodapé: comunicações pessoais, conferências, notas de aula, correspondência pessoal, trabalhos em fase de preparação, etc.

Sistema numérico

Neste sistema, as fontes são indicadas por chamadas numéricas que aparecem meia entrelinha acima do texto, mencionado ou não o nome do autor. A citação pode ser direta, indireta ou dependente. Esses números remetem ao rodapé, onde as notas os especificam.

No texto:

Alves afirma que "de educadores para professores, realizamos o salto de pessoa para função". [41]

No rodapé:

[41] ALVES, Rubem. "O preparo do educador". Em: BRANDÃO, Carlos R. (org). O educador: vida e morte. Rio de Janeiro: Graal, 1982, p. 18.

Essas chamadas podem também indicar nota explicativa.

No texto:

A situação do ensino superior no sudeste paulista não é única no Estado de São Paulo. [2]

No rodapé:

² Os seguintes números para a região norte mostram como a situação se generalizou:

Dependendo da extensão do trabalho e da quantidade das notas podem ser numeradas sequencialmente no todo ou recomeçando a cada capítulo.

A produção destas notas deve obedecer às seguintes regras:

- As obras citadas nas notas devem constar da lista final (Referências Bibliográficas).

- As informações devem conter apenas os elementos essenciais: número de ordem, autor, título, local, editora, ano e página. Os dados completos aparecerão nas Referências.

Nas notas:

⁴ BOAVENTURA, Elias. Universidade e estado no Brasil. Piracicaba: Unimep, 1989, p. 99.

Nas referências:

4. BOAVENTURA, Elias. Universidade e estado no Brasil. Piracicaba: Unimep, 1989. (Série Aberta, 2)

- Na primeira vez, as notas devem conter os elementos essenciais. Nas indicações posteriores, utilizam-se os seguintes recursos:

- Mesma obra do mesmo autor anteriormente citado, mas em páginas diferentes: ob. cit (obra citada) ou op. cit. (opus citatus).

  Ex.: TEILHARD DE CHARDIN, Pierre, op. cit., p. 9.

- Mesma obra e mesma página anteriormente referida: loc. cit. (livro e página citados acima).

  Ex.: TEILHARD DE CHARDIN, Pierre, loc. cit.

- Informações colhidas em várias páginas do livro: passim (por aí).

  Ex.: TEILHARD DE CHARDIN, Pierre. *The future of man*. New York: Harper & Row, 1964, passim.

- No caso de citação de citação: primeiro, o autor não consultado diretamente; depois, a expressão "citado por" (ou apud) e as referências completas a partir daí.

  Ex.: NIETZSCHE, Friedrich. Assim falou Zaratustra. Citado por ALVES, Rubem. O preparo do educador. Em: BRANDÃO, Carlos R. (org.). *O educador: vida e morte*. Rio de Janeiro: Graal, 1982, p. 25.

Referências bibliográficas

Trata-se de uma lista em ordem alfabética de todas as fontes utilizadas (citadas ou consultadas) na pesquisa. Não devem ser confundidas com bibliografia, que é uma lista de livros sobre determinado ramo do conhecimento.

1. A regra básica é a seguinte: cada referência deve conter todas as informações necessárias, nesta sequência e com esta pontuação: AUTOR. Título (grifado). Tradutor (se houver). Edição (se não for a primeira). Local: editora, ano, volume (se for mais de um), e coleção (se houver).

   Ex.: BOAVENTURA, Elias. *Universidade e estado no Brasil*. Piracicaba: Unimep, 1989. (Série Aberta, 2)

2. Algumas das várias situações fora do paradigma acima são exemplificadas a seguir:

- Partes (capítulos) de livros.

  Ex.: ALVES, Rubem. *O preparo do educador.* Em: BRANDÃO, Carlos R. (org.). O educador: vida e morte. Rio de Janeiro: Graal, 1982, p. 13-28.

- Monografias, dissertações, teses:

  Ex.: BRAGA, Rubens Leite do Canto. *O atletismo escolar no desenvolvimento integral da criança.* Piracicaba, 1990. Dissertação de Mestrado em Educação – Unimep.

- Artigos de revistas especializadas:

  Ex.: MALUF, Renato Sérgio. O interior paulista na trilha do 'moderno'. *Impulso*, Piracicaba, v.1, n.1, 1 p. 43-50, jan.-jun. 1987.

- Artigos de jornais:

  Ex.: MIRANDA, Claura Vasques de. Estudo do Nepens analisa a trajetória da mulher na Universidade. *Boletim UFMG*, Belo Horizonte, 18.3.1991, p. 4.

3. Com relação à autoria fora do paradigma, procede-se como exemplificado abaixo, a partir do que figura nas folhas de rosto dos trabalhos:

- Autores anônimos:

  Ex.: COMITÊ do CFE aprova Carta Consulta do IMS. Jornal da Metodista, São Bernardo do Campo, fev. 1991, p. 2.

- Dois autores:

  Ex.: BRANDÃO, Carlos Rodrigues; ALVES, Rubem, etc. (Usa-se a ordem que aparece na folha de rosto).

- Três autores:

  Ex.: BRANDÃO, Carlos Rodrigues; ALVES, Rubem; SAVIANI, Dermeval.

- Mais de três autores:

  Ex.: BRANDÃO, Carlos Rodrigues e outros. (Usam-se também as expressões latins et al. ou et alii.)

- Obras coletivas com organizadores (coordenador, editor):

  Ex.: BRANDÃO, Carlos Rodrigues (org.).

- Entidades:

  Ex.: UNIVERSIDADE METODISTA DE PIRACICABA. *Relatório de atividades*; gestão 1986/1990. Piracicaba, 1990.

- Congressos:

  Ex.: CONGRESSO BRASILEIRO DE BIBLIOTECONOMIA E DOCUMENTAÇÃO, 10º, 1979, Curitiba. *Anais...* Curitiba:

- Legislação:

  Ex.: BRASIL. CONSELHO FEDERAL DE EDUCAÇÃO. Seminário de assuntos universitários. Brasília, 1979.

4. Para outras informações ausentes, procede-se assim:

- edições sem referência a local: [s.l.];
- edições sem referência a editora: [s.e.];
- edições sem referência a data: [s.d.]. Para a data provável: [1989?];
- nomes de editoras: Civilização Brasileira e não Editora Civilização Brasileira S. A.

Documentação de fontes eletrônicas

Como lembra Kavita Varma, "no mundo da erudição honesta, nenhuma regra é mais reverenciada do que a citação".[2] Obviamente isso se aplica por completo ao material recolhido por fontes disponibilizadas em suportes mediados pela tecnologia da informação (como artigos eletrônicos, revistas on line, sites pessoais, correio eletrônico etc.).

---

[2] VARA, Kavita. *Footnotes in electronic age*: scholars struggle to maintain standards in cyberspace. *USA Today*, 7, Feb. 1996:7D.

Basicamente, a documentação de arquivos virtuais deve conter as seguintes informações, quando disponíveis:

- sobrenome e nome do autor;
- título completo do documento;
- título do trabalho no qual está inserido (em itálico);
- local;
- data da disponibilização ou da última atualização, na forma dia em algarismos arábicos, mês abreviado e ano (ex.: 18 abr. 2008);
- endereço eletrônico (URL) completo entre parênteses angulares "< >", precedido da expressão "Disponível em:";
- data de acesso, precedido da expressão "Acesso em:", na forma dia em algarismos arábicos, mês abreviado e ano (ex.: 18 abr. 2008). A colocação da data de acesso é de grande valor. Depois de algum tempo, boa parte dos endereços referidos não está mais disponível. O ciberespaço é muito volátil.

Nem sempre todos dados estão mencionados nos materiais recolhidos. Os autores, que são editores de si mesmos no ciberespaço, não têm respeitado as normas de referenciação "bibliográfica"... O que torna difícil documentar esses recursos com o rigor indispensável. De qualquer modo, eis alguns exemplos de aplicação dos procedimentos recomendáveis:

- Site genérico.

    Ex.: LANCASHIRE, Ian. Home page. Sept. 13, 1998. Disponível em: <http://www.chass.utoronto.ca:8080/~ian/index.html>. Acesso em: 10 dez. 1998.

- Artigo de origem impressa.

    Ex.: COSTA, Florência. *Há 30 anos, o mergulho nas trevas do AI-5*. O Globo. Rio de Janeiro, 6 dez. 1998. Disponível em: <http://www.oglobo.com.br>. Acesso em: 6 dez. 1998.

- Artigo de origem eletrônica.

    Ex.: CRUZ, Ubirajara Buddin. The Cranberries: discography. The Cranberries: images. Feb. 1997. Disponível em: <http://www.ufpel.tche.br/~bira/cranber/cranb_04.html>. Acesso em: 12 jul. 1997.

    Ex.: INGRAM, Richard. The Dramas and Melodramas of Depression. Disponível em: <http://www.ctheory.com/a64.html>. Acesso em: 11 nov. 1998.

    Ex.: OITICICA FILHO, Francisco. Fotojornalismo, ilustração e retórica. Disponível em: <http://www.transmidia.al.org.br/retoric.htm>. Acesso em: 6 dez. 1998.

    Ex.: PALÁCIOS, Marcos. Normalização de documentos online; modelos para uma padronização. 8 ago. 1996. Disponível em: <http://www.facom.ufba.br/pesq/cyber/norma.html>. Acesso em: 12 dez. 1998.

- Livro de origem impressa.

    Ex.: LOCKE, John. A Letter Concerning Toleration. Translated by William Popple. 1689. Disponível em: <http://www.constitution.org/jl/tolerati.htm>. Acesso em: 25 abr. 2010.

- Livro de origem eletrônica.

    Ex.: GUAY, Tim. A Brief Look at McLuhan's Theories. *WEB Publishing Paradigms*. Disponível em: <http://hoshi.cic.sfu.ca/~guay/Paradigm/McLuhan.html>. Acesso em: 10 dez. 2008.

    Ex.: KRISTOL, Irving. Keeping Up With Ourselves. 30 jun. 1996. Disponível em <http://www.english.upenn.edu/~afilreis/50s/kristol-endofi.html>. Acesso em: 7 ago. 2009.

- Verbete com autor.

    Ex.: ZIEGER, Herman E. Aldehyde. In: The Software Toolworks Multimedia Encyclopedia. Vers. 1.5. *Software Toolworks*. Boston:

Grolier, 1992. Disponível em: <http://gme-ada.grolier.com/article?assetid=0006270-0>. Acesso em: 11 nov. 2010.

- Verbete sem autor.

  Ex.: FRESCO. BRITANNICA Online. Vers. 97.1.1. 29 mar. 1997. Disponível em: <http://www.eb.com:180>. Acesso em: 15 maio 2009.

- E-mail. Só se deve referenciar e-mail relevante para os propósitos do trabalho e útil para a fidedignidade da informação apresentada.

  Ex.: GOMES, Ana Maria. Palm V [mensagem pessoal]. Mensagem recebida por <israelbelo@infolink.com.br> em 10 fev. 2002.

- Comunicação sincrônica (MOOs, MUDs, IRC, etc).

  Ex.: ARAÚJO, Camila Silveira. Participação em chat no IRC #Pelotas. <http://www.ircpel.com.br>. Acesso em: 2.9.97.

- Lista de discussão.

  Ex.: SEABROOK, Richard H. C. <seabrook@clark.net> "Community and Progress". 22 jan.1994. <cybermind@jefferson.village.virginia.edu>. Acesso em: 22 jan. 1994.

- FTP (File Transfer Protocol).

  Ex.: BRUCKMAN, Amy. "Approaches to Managing Deviant Behavior in Virtual Communities". Disponível em: <ftp://ftp.media.mit.edu/pub/asb/papers/deviance-chi-94>. Acesso em: 4 dez. 1994.

- Telnet.

  Ex.: GOMES, Lee. "Xerox's On-Line Neighborhood: A Great Place to Visit". Mercury News. 3 may 1992. telnet lamba.parc.xerox.com 8888, @go #50827, press 13. Acesso em: 5 dez. 1994.

- Gopher.

    Ex.: QUITTNER, Joshua. "Far Out: Welcome to Their World Built of MUD". Newsday, 7.Nov.1993. gopher University of Koeln/About MUDs, MOOs, and MUSEs in Education/Selected Papers/newsday. Acesso em: 5 dez. 1994.

- Newsgroup (Usenet).

    Ex.: SLADE, Robert. <res@maths.bath.ac.uk> "UNIX Made Easy". 26 mar. 1996. <alt.books.reviews>. Acesso em: 31 mar. 1996.

- Imagem em movimento (filmes, fitas de vídeo, CD, DVD). Informar nesta sequência os elementos essenciais: título, diretor, produtor, local, produtora, data e especificação do suporte em unidades físicas.

    Ex.: OS PERIGOS do uso de tóxicos. Produção de Jorge Ramos de Andrade. São Paulo: CERAVI, 1983. 1 videocassete.

Quadro 5

Resumo das normas para notas bibliográficas

Ordem	Descrição	Letra	Exemplo
1	Sobrenome do autor (ou autores, ou organizador)	Maiúscula	CARNEIRO LEÃO,
2	Nome do autor ou iniciais	Normal	Emmanuel.
3	Título do livro	Destacada *	Aprendendo a pensar.
4	Local (cidade) da editora (se não houver, escreva [s.l.])	Normal	Petrópolis:
5	Nome da editora (se não houver, escreva [s.n.])	Normal	Vozes,
6	Ano de publicação	Normal	1989,
7	Página(s) citadas(s)	Normal	p. 49.

* *Itálico*, negrito ou sublinhado

Exemplo de nota bibliográfica de livro:

CARNEIRO LEÃO, Emmanuel. *Aprendendo a pensar.* Petrópolis: Vozes, 1989, p. 49.

Exemplo de nota bibliográfica de artigo:

FREITAS, Juarez. *Diálogo com o pensamento de Norberto Nobbio.* Veritas, v. 36, n. 141, p. 169.

Monografias, dissertações e teses

Quadro 6

Resumo das normas para referências bibliográficas

Ordem	Descrição	Letra	Exemplo
1	Sobrenome do autor (organizador)	Maiúscula	LASCH,
2	Nome do autor ou iniciais	Normal	Christopher.
3	Título do livro	Destacada**	A cultura do narcisismo:
4	Subtítulo do livro (se houver)	Normal	a vida americana numa era de esperanças em declínio.
5	Nome e sobrenome do tradutor	Normal	Trad. Ernani Pavaneli
6	Número da edição (se não for a primeira)	Normal	2ª ed.
7	Local (cidade) da editora (se não houver: [s.l.])	Normal	Rio de Janeiro:
8	Nome da editora (se não houver: [s.n.])	Normal	Imago,
9	Ano de publicação	Normal	1983.
10	Complemento: coleção; título original, etc.	Normal	(Série Logótica).

Elementos indispensáveis. Formam o anagrama ATLEA (autor, título, local, editora, ano).

** Itálico, negrito ou sublinhado.

Exemplos:
CARNEIRO LEÃO, Emmanuel. *Aprendendo a pensar*. 2ª ed. Petrópolis: Vozes, 1989.
LASCH, CHRISTOPHER. *A cultura do narcisismo*: a vida americana numa era de esperanças em declínio. Trad. Ernani Pavaneli. Rio de Janeiro: Imago, 1983. (Série Logótica).

Quadro 7

Referência bibliográfica de teses

Ordem	Descrição	Letra	Exemplo
1	Sobrenome do autor	Maiúscula	MAZZILI,
2	Nome do autor	Normal	Suely.
3	Título da tese	Destacada*	O estado da pedagogia:
4	Subtítulo da tese (se houver)	Normal	repensando a partir da prática.
5	Ano em que foi apresentada	Normal	Dissertação (Mestrado em Educação)
6	Complemento**	Normal	Unicamp, Campinas, 1989.

* Itálico, negrito ou sublinhado.

** O tipo de documento (tese, dissertação, trabalho de conclusão de curso etc.), o grau, a vinculação acadêmica, o local e a data da defesa, mencionada na folha de aprovação (se houver).

Exemplo:

> MAZZILI, Sueli. *O estado da pedagogia*: repensando a partir da prática. 1989. Dissertação (Mestrado em Educação) — Unicamp, Campinas, 1989.

Quadro 8

Referências bibliográficas de artigos de revistas

Ordem	Descrição	Letra	Exemplo
1	Sobrenome do autor (ou autores)	Maiúscula	FREITAS,
2	Nome do Autor	Normal	Juarez.
3	Título do artigo	Normal	Diálogo com o pensamento jurídico de Norberto Bobbio.
4	Subtítulo do artigo (se houver)	Normal	
5	Nome da revista	Destacada*	Veritas,
6	Local (cidade) da publicação	Normal	Porto Alegre,
7	Números do volume (ano) e do fascículo	Normal	v. 36, n. 141,
8	Números das páginas inicial e final do artigo	Normal	p. 63-78,
9	Data	Normal	mar./mai. 1991.

Exemplo:

FREITAS, Juarez. Diálogo com o pensamento jurídico de Norberto Bobbio. *Veritas*, Porto Alegre, v. 36, n. 141, p. 63-78, mar./mai. 1991.

Quadro 9

Referências bibliográficas de colaborações em anais

Ordem	Descrição	Letra	Exemplo
1	Sobrenome do autor (ou autores, ou organizador)	Maiúscula	VELASQUES FILHO,
2	Nome do Autor	Normal	Prócoro.
3	Título da colaboração	Normal	Religião como instrumento do Estado.
4	Nome, ano e local do evento (precedidos da expressão "In:")	Maiúscula	In: I CONGRESSO BRASILEIRO DE TEOLOGIA, 1983, S. Paulo.
5	Título dos anais	Destacada*	Anais...
6	Local da editora (ou da entidade que o publicou)	Normal	São Paulo:
7	Nome da editora ou entidade que o publicou	Normal	ASTE,
8	Ano da publicação	Normal	1985.
9	Total de páginas (ou de volumes, se for o caso)	Normal	248p.
10	Páginas inicial e final da colaboração	Normal	p. 129-134.

* Itálico, negrito ou sublinhado.

Exemplo:

VELASQUES FILHO, Prócoro. Religião como instrumento do Estado. In: I CONGRESSO BRASILEIRO DE TEOLOGIA, 1983, São Paulo. *Anais...* São Paulo: ASTE, 1985, p. 129-134.

Quadro 10

Referências bibliográficas de capítulos em obras coletivas (livros e enciclopédias)

Ordem	Descrição	Letra	Exemplo
1	Sobrenome do autor (ou autores)	Maiúscula	PFROMM NETTO,
2	Nome do autor (ou autores)	Normal	Samuel.
3	Título e subtítulo do capítulo	Normal	A psicologia no Brasil
4	Sobrenome do organizador (editor, coordenador)	Maiúscula	FERRI,
5	Sobrenome do organizador (editor, coordenador)	Normal	Mário Guimarães; MOTOYAMA, Shogo (coord.).
6	Título do livro (precedidos da expressão "In:")	Destacada*	História das ciências no Brasil.
7	Subtítulo do livro (se houver)	Normal	
8	Número da edição (se não for a primeira)	Normal	
9	Local (cidade) da editora (se não houver: [s.l.])	Normal	São Paulo:
10	Nome da editora (se não houver: [s.n.])	Normal	EDUSP,
11	Ano de publicação	Normal	1981.
12	Total de páginas (ou de volumes, se for o caso)	Normal	v. 3,
13	Páginas inicial e final do capítulo ou verbete.	Normal	p. 235-276.

* Itálico, negrito ou sublinhado.

Exemplo:

PFROMM NETTO, Samuel. A psicologia no Brasil. In: FERRI, Mário Guimarães; MOTOYAMA, Shogo (coord.). *História das ciências no Brasil*. São Paulo: EDUSP, 1981. v. 3, p. 235-276.

Quadro 11

Referências bibliográficas de documentos eletrônicos (artigos)

Ordem	Descrição	Letra	Exemplo
1	Sobrenome do autor (ou autores)	Maiúscula	ZATZ,
2	Nome do autor (ou autores)	Normal	Mayana.
3	Título do documento	Normal	Clonagem e células-tronco.
4	Subtítulo do documento (se houver)	Normal	Ciência e Cultura.
5	Nome da publicação ou site	Destacada*	
6	Local (cidade) da publicação (se houver)	Normal	
7	Números do volume (ano) e do fascículo (se houver)	Normal	
8	Números das páginas inicial e final do artigo (se houver)	Normal	
9	Data	Normal	
10	Endereço eletrônico (apresentado entre os sinais < >, precedido da expressão "Disponível em:")	Normal	Disponível em: <http://cienciacultura.bvs.br/scielo.php?pid=S0009-67252004000300014&script=sci_arttext>
11	Data de acesso ao documento (precedida da expressão "Acesso em:")	Normal	Acesso em: 5 jul. 2011.

* Itálico, negrito ou sublinhado.

Exemplo:

ZATZ, Mayana. Clonagem e células-tronco. Ciência e Cultura. Disponível em: http://cienciaecultura.bvs.br/scielo.php?pid=S0009-67252004000300014&script=sci_arttext

Editoração

A editoração consiste na preparação dos originais, nas etapas das várias redações, para posterior encadernação e entrega. Essas etapas devem obedecer às normas elencadas a seguir.

Dimensões

A menos que a instituição solicitante determine de outra forma, o texto não deve ser entregue em disquete ou enviada por correio eletrônico (e-mail). Os programas editores de texto geralmente funcionam com formatos padronizados, mas o autor do texto não pode se submeter aos padrões dos aplicativos utilizados, devendo configurar o programa conforme as normas acadêmicas.

Espaço interlinear

Para o texto principal (corpo do texto): espaço 2 (equivalente a 24 pontos). O normativo NBR 6023 da ABNT não recomenda a aplicação de recuos nas referências bibliográficas e nas notas de rodapé.

Margens

- Esquerda: 30 mm.
- Direita: 20 mm.
- Superior: 30 mm (incluída a numeração da página).
- Inferior: 20 mm (incluídas as notas de rodapé, se houver).

Recuos de parágrafos

- Texto normal: inexistente ou o equivalente 15 mm.

- Citações superiores a três linhas: 50 mm.

- Referências bibliográficas: três toques a partir da segunda linha.

- Notas de rodapé: três toques na primeira linha; a partir da segunda linha, não há recuo.

Numeração de páginas

O número da página deve figurar ao alto à direita, dentro da mancha (isto é, como parte da área impressa).

Todas as páginas são numeradas, exceto as que começam por títulos grafados em letras maiúsculas, que são computadas a contar da folha de rosto.

O mesmo princípio se aplica a anexos, apêndices e glossários.

Alinhamento

O texto deve ser justificado, ou seja, alinhado à direita e à esquerda.

Disposição do texto

O texto deve ser apresentado de forma consistente e disposto esteticamente. Para tal, considerem-se as seguintes indicações.

Capa

As informações contidas na primeira capa devem vir em letras maiúsculas e centralizadas.

Sumário

O título é centralizado e distante 70 mm da borda superior. Os títulos dos capítulos não têm qualquer recuo (margem de parágrafo) e devem ser grafados como aparecem no texto. Na segunda coluna, à direita, aparecem alinhadas as indicações das páginas onde figuram os capítulos. O ideal é que ele caiba numa mesma página. Se for grande, deve ser equanimemente distribuído.

Títulos

Os títulos (capítulos ou partes) e subtítulos (divisões e seções) devem ser alinhados à esquerda, sem recuos.

Os títulos de capítulos devem ser grafados em letras maiúsculas e negrito a partir da quarta linha (isto é, a 70 mm da borda superior do papel).

Os subtítulos devem ser grafados em letras minúsculas e negrito, e os subtítulos subordinados a esses (se houver) devem ser escritos em letras minúsculas simples.

Notas bibliográficas

As notas podem aparecer no próprio texto (sistema alfabético), no rodapé (sistema numérico) ou ao final do trabalho, antes das referências bibliográficas. O rodapé permite a introdução de registros e comentários, os quais, se colocados no corpo do texto, tornariam truncada a sua leitura.

Citações

As citações diretas (transcrição literal de outra fonte) com até três linhas são registradas no corpo do texto entre aspas ["..."], enquanto as citações acima de três linhas devem ser destacadas com recuo de 4 cm da margem esquerda, com letra menor que a do texto utilizado e sem as aspas (ver Modelo 10).

As citações indiretas, quando o autor parafraseia as ideias de outros estudiosos, mantendo a sua essência, não necessitam de aspas, indicando-se apenas a sua referência bibliográfica.

Figuras

As figuras (gráficos, figuras, mapas, diagramas, desenhos, fotografias, organogramas, fluxogramas) devem ser inseridas o mais próximo possível do trecho a que se referem. Elas devem ser centralizadas na página, dispostas assim:

- na primeira linha, a sua designação genérica (Gráfico, Mapa, etc.) em letras maiúsculas e seu número correspondente (em algarismos arábicos), que deve ser consecutivo;
- na segunda, o título em letras maiúsculas;
- no bloco do meio, o seu conteúdo;
- no sopé, a sua fonte;
- a legenda pode vir no sopé ou dentro do quadro. Se a ilustração ocupar toda a página, a legenda deve vir no verso;
- na sua elaboração, deve-se levar em conta os processos de reprodução utilizadas, para que as cópias também sejam claras e limpas.

Tabelas e quadros (Modelo 12)

As tabelas devem ser inseridas o mais próximo do trecho a que se referem, centralizadas e na seguinte disposição:

- na primeira linha, a sua designação genérica (Tabela, Quadro, etc.) em letras maiúsculas e seu número correspondente (em algarismos arábicos), que deve ser consecutivo;
- na segunda, o título com letras maiúsculas;
- no bloco do meio, o seu conteúdo;
- no sopé, a sua fonte e a legenda.

Referências bibliográficas (Modelo 13)

Devem aparecer após a conclusão, antes dos anexos (se houver), em ordem alfabética e numeradas sequencialmente. A segunda linha do texto das referências deve começar na quarta letra do sobrenome do autor. Os títulos são grafados em letras minúsculas, exceto a primeira palavra e os nomes próprios.

Anexos e apêndices

Os anexos e apêndices devem seguir o formato do papel utilizado; quando for maior, deve ser dobrado, de modo a permitir sua encadernação junto com as demais partes do trabalho. No caso de cópias, devem ser de boa qualidade.

Cópias e encadernação

O trabalho deve ser entregue em tantas cópias quando solicitadas, todas idênticas. As cópias devem ser obtidas por processo xerográfico ou de impressão. O tipo de encadernação (espiralar, brochura ou capa dura) deve seguir as recomendações da instituição a que se destina o texto.

Com a introdução dos recursos informáticos, os conceitos de original e cópia mudaram. De certo modo, original é o texto bruto, armazenado no disco rígido ou disquete. Cópia é o texto impresso, quantas vezes forem necessárias.

Sugestões bibliográficas

DUSILEK, Darci. *A arte da investigação criadora*. 8ª ed. Rio Janeiro: Juerp, 1990.

SOLOMON, Délcio Vieira. *Como fazer uma monografia*. 12ª ed. São Paulo: LMF Marins Fontes, 2010.

Para detalhes sobre situações específicas de documentação de dados recolhidos na internet, os interessados devem consultar o seguinte endereço eletrônico: <http://www.mla.org/main_stl.htm#sources>.

Podem ser consultados ainda:

<http://www.cas.usf.edu/english/walker/apa.html>

<http://www.facom.ufba.br/pesq/cyber/norma.html>

<http://www.ufpel.tche.br/~bira/bibct/refer.html>

<http://www.unbsj.ca/~davis/citation.htm>

Capítulo 6

Sem publicação, a ciência é morta.

– Gerard Piel

Artigos para publicações científicas

Artigo científico é um texto escrito para ser publicado num periódico especializado e tem o objetivo de comunicar os dados de uma pesquisa, seja ela experimental, quase experimental ou documental. A pesquisa pode estar concluída ou em andamento. A publicação de artigos é peça chave no intercâmbio científico no progresso do conhecimento.

Estrutura

Sua estrutura varia conforme a tradição do campo do conhecimento em que se inscreve. Em termos gerais, essa estrutura pode ser dividida em dois grandes paradigmas. O primeiro, utilizado majoritariamente nas ciências da experimentação e da observação de campo, demanda os seguintes elementos:

Primeiro paradigma

1. Introdução. Nesta seção são estabelecidos, entre outros aspectos, a delimitação da pesquisa, os problemas de que trata e os objetivos desejados.

2. Revisão de literatura. Na qual é indicado o estágio da investigação do problema a partir da bibliografia disponível

3. Materiais e métodos. Em que são apresentados as técnicas de coleta de dados, os instrumentos de análise, os materiais e os equipamentos utilizados.

4. Resultados. Seção em que são oferecidos os resultados da pesquisa

5. Discussão. Onde são comentados os resultados da pesquisa

6. Conclusões. Parte em que são indicadas de modo sintético as descobertas do autor a partir dos dados apresentados anteriormente.

Segundo paradigma

Esta fórmula se utiliza mais de fontes documentais (material bibliográfico) e privilegia a organização dos dados coletados em função dos problemas que respondem. Assim, cada seção trata de desenvolver uma hipótese.

Redação

Antes de redigir seu trabalho, o autor deve ter bem claros os seus objetivos, de preferência pondo-os por escrito. Depois, deve fazer um plano preliminar (esboço) bem detalhado, ao qual procurará seguir. Quanto à redação, devem-se seguir as orientações apresentadas adiante no "Manual sucinto de redação".

Tamanho

Embora a dimensão (tamanho) de um artigo dependa das diretrizes de cada periódico que o acolhe, ele não deve exceder a 20 laudas (cada lauda tem 30 linhas de 70 toques, que equivalem a cerca de trezentas palavras), ou 6.000 palavras.

Quanto ao formato, cada revista tem as suas normas. Em geral, elas podem adotar as seguintes categorias e dimensões:

- Ensaio: artigo teórico sobre determinado tema (10 a 20 mil caracteres)
- Relato: artigo sobre pesquisa experimental concluída ou em andamento (6 a 12 mil caracteres)
- Revisão de literatura: levantamento do estágio atual de determinado assunto à luz da bibliografia disponível (10 a 16 mil caracteres)
- Resenha: comentário crítico de livros e/ou teses (4 a 8 mil caracteres)
- Carta: comentário a artigos anteriores publicados, desde que relevantes e substanciais

Evidentemente, essas categorias podem variar no escopo e na nomenclatura.

Aceitação

Os artigos devem ser inéditos e encaminhados apenas a uma revista de cada vez. Em geral, todas exigem exclusividade. A sua aceitação se dá desde que observados alguns critérios, que variam de publicação para publicação, mas que podem ser assim sintetizados:

- adequação ao escopo da revista;

- qualidade científica, atestada pela comissão editorial e por consultores especialmente convidados (também chamados de referees, cujos nomes não são divulgados);
- cumprimento das diretrizes específicas da revista.

Os consultores podem sugerir mudanças no texto, que serão submetidas ao autor. Além disso, os artigos podem sofrer alterações editoriais não substanciais (nova paragrafação, correções gramaticais e adequações estilísticas) para melhor comunicabilidade. O autor poderá revisar ou não essas mudanças, conforme a orientação da revista.

Remuneração

Geralmente, não há remuneração pelos trabalhos. Cada autor recebe gratuitamente exemplares da edição da revista em que apareceu a sua contribuição. Há revistas que cobram para publicar.

Apresentação

Ao enviar seu artigo, o autor deve estar certo de que ele contém a seguinte relação de exigências.

Identificação

- Título (e subtítulo, se for o caso), que dever ser conciso e indicar claramente o conteúdo do texto.
- Nome do autor.
- Subvenção: menção de apoio e financiamento recebidos.
- Agradecimento, se for absolutamente indispensável.

Resumo e palavras chaves

Resumo indicativo e informativo em português (intitulado "resumo") e inglês (denominado "abstract"), em torno de 600 caracteres. Para fins de indexação, o autor deve indicar as palavras-chaves do artigo (mínimo de três e máximo de seis).

Texto

O texto deve ter uma introdução, um desenvolvimento e uma conclusão. Cabe ao autor criar os entretítulos para o seu trabalho. Esses entretítulos, em letras maiúsculas, não são numerados.

No caso de relatos de pesquisa, as suas seções podem ser as seguintes: introdução, materiais e métodos, resultados, discussão, conclusão, notas e referências bibliográficas.

No caso de resenhas, o texto deve conter todas as informações para a identificação do livro comentado (autor; título; tradutor, se houver; edição, se não for a primeira; local, editora; ano; total de páginas; título original, se houver). No caso de teses, segue-se o mesmo princípio, no que for aplicável, acrescido de informações sobre a instituição onde foi produzida.

Anexos

Verificar se todas as figuras e tabelas citadas no artigo (tabelas, gráficos, desenhos, mapas e fotografias) foram anexadas e devidamente localizadas.

Documentação

A documentação, em geral, segue as normas da ABNT, sendo que algumas publicações adotam o sistema alfabético e outras o numérico.

Editoração

Os artigos devem ser preparados no suporte indicado pelo periódico (papel, CD ou e-mail). A versão impressa deve seguir as recomendações universais (sintetizadas no Capítulo 5), a menos que a publicação ofereça outras orientações.

As ilustrações (tabela, gráficos, desenhos, mapas e fotografias) necessárias à compreensão do texto devem ser numeradas sequencialmente com algarismos arábicos e apresentados de modo a garantir uma boa qualidade de impressão. Devem ter título conciso, grafado em minúsculas. As suas medidas devem representar proporcionalmente as dimensões da revista. Devem vir ao final do trabalho, com indicação da sua localização no texto. As legendas devem ser apresentadas em outra folha.

As tabelas não devem ser muito grandes e nem ter listras verticais para separar colunas.

As fotografias devem ser em preto e branco (exceto, obviamente, quando a revista for impressa em cores), sobre papel brilhante, de modo a oferecer um bom contraste e um foco bem nítido.

As figuras, gráficos e mapas devem ser preparados em processos digitais. Quando isso não for possível, elaborar o material com tinta nanquim preta, preferencialmente em papel vegetal. As convenções devem aparecer na área interna.

A versão eletrônica deve facilitar a sua editoração por parte da revista. Utilize o software que a publicação emprega. Certifique-se antes. Quanto ao texto, um recurso saudável é empregar um formato universal (como o .RTF, que qualquer editor de texto converte).

Remessa dos originais

Cada trabalho é geralmente remetido em, pelo menos, três vias (uma destinada à redação, outra para a comissão editorial e outra para o consultor). Algumas revistas preferem trabalhos em CD ou via e-mail, mas sem dispensa das cópias em papel. Em todos os casos, será indispensável ter em mãos as diretrizes da revista para a qual se pretende remeter o artigo.

Sugestões bibliográficas

CASTRO, Cláudio de Moura. *Como redigir e apresentar um trabalho científico*. São Paulo: Pearson Brasil, 2010.

DAY, Robert, GASTEL, Barbara. *How to write and publish a scientific paper*. 6th ed. Cambridge: Cambridge University Press, 2006.

FONSECA, Edson Nery da. *Problemas de comunicação na informação científica*. São Paulo: Thesaurus, 1973.

Capítulo 7

*Ora permanecem o homem e a máquina,
mas o maior deles é o homem.*

– Waldir Grec

> Tirando o máximo
> do computado

Houve um tempo em que se escrevia à mão. O texto resultante era depois datilografado e, se fosse o caso, preparado para publicação. Houve um tempo em que se datilografava numa máquina de escrever, objeto agora fora das lojas e dentro dos museus. (É claro que alguns ainda resistem a usar computadores.)

Em que usar

Em todos os campos do conhecimento, das ciências naturais às artes, o computador vem sendo tomado como uma ferramenta que não dá para não usar. Evidentemente, a entrada dos computadores pessoais transformou radicalmente as relações entre a máquina e o homem. De certo modo, eles possibilitam a robotização de tarefas robotizáveis.

Obviamente, eles não substituem a inventiva humana, mas liberam o cientista e o artista para aquelas atividades que exijam esforço realmente mental. Assim, é cada vez mais comum, entre aquelas pessoas que escrevem muito, o uso de equipamentos e programas capazes de dar maior agilidade ao trabalho.

Além de substituir as máquinas de escrever, o computador pessoal (desktop, laptop, netbook ou tablet) deve ser usado para a pesquisa e para a formatação final dos textos, passando pelo uso de recursos multimídias na defesa diante da banca.

Coleta

As fichas ou cadernos para anotações podem ser substituídos sem qualquer prejuízo. Os dados podem ser anotados diretamente no arquivo que se pretende usar e depois editados pelo pesquisador. O uso de fichas acarreta uma duplicidade que pode ser evitada. Com o uso do computador, o mesmo texto retirado da fonte é trabalhado infinitamente, sem que tenha que ser transcrito de novo. O material é apenas editorado. Outra possibilidade é o uso de scanners (leitores ópticos) para importar dados registrados em papel, os quais podem ser convertidos em caracteres de texto.

Além das fontes tradicionais (livros e periódicos) para a pesquisa, a internet se tornou uma verdadeira biblioteca mundial (dita virtual), onde se pode encontrar de tudo, desde inutilidades absolutas a preciosidades inimagináveis. É possível, por ela, acompanhar-se a produção intelectual de praticamente todo o globo. Pode-se entrar em contato com os pesquisadores, se este for o desejo deles.

O material disponível pode ser transportado para o computador pessoal e formar nele uma biblioteca particular, com todos os créditos de autoria reconhecidos. O velho ato de copiar (seja como fotocópia, seja como recorte) é substituído pelo ato de recortar digitalmente, com vantagens de arquivamento (tudo no disco rígido ou CD), acesso (fácil localização) e manuseio (tudo pode ser trazido para a tela do seu computador e dali selecionado o que interessa).

Autonavegação

Escrevendo-se num computador, não é necessário preocupar-se com a ordem do material. Pode-se começar pelo meio, pelo final ou até pelo início. Depois, o material pode ser arrumado sem dificuldades. Além disso, é possível movimentar capítulos, seções, tabelas, parágrafos e frases com rapidez e segurança. Não há limites para mudanças. Além disso, no caso de trabalhos longos, o pesquisador pode dialogar com o seu próprio texto, procurando informações ou expressões que exigiriam muito esforço para serem localizadas. Pode-se procurar uma expressão pelo texto todo em poucos segundos.

Revisão

Os bons editores de textos têm utilitários para a revisão ortográfica (com bastante eficiência) e mesmo gramatical (com razoável eficiência). Aqueles que gostam de enriquecer a língua com novas palavras não devem ficar preocupados. Não é proibido criar neologismos. Os programas aceitam as novidades conforme a determinação do usuário.

Ilustrações

Os editores de textos também facilitam a criação de tabelas, quadros, gráficos, colunas e figuras. Todo o material pode ser inserido no texto naturalmente, com o máximo de limpeza.

Ordenação

Os editores permitem que um texto seja ordenado alfabética ou numericamente. Entre outros usos, isto é de muita serventia, por exemplo, nas longas referências bibliográficas.

Sumário

Os editores permitem a geração de sumários dos capítulos e seções do texto com a devida indicação das páginas. Se for preciso fazer alterações no miolo do trabalho, depois de gerado o sumário, bastará atualizá-lo que ele assumirá as mudanças automaticamente.

Janelas

Os editores permitem navegar não só pelo texto, mas pelos arquivos. Isso significa que se podem escrever diferentes artigos ao mesmo tempo, passando-se de um para outro conforme a necessidade. É possível até "puxar" parágrafos de um artigo para outro artigo, sem qualquer dificuldade. Se necessário, podemos consultar calculadoras, agendas pessoais, relógios e outras ferramentas. As planilhas eletrônicas, por exemplo, permitem também a efetuação de cálculos matemáticos. Os dados podem ser importados para o texto sem necessidade de nova digitação.

Comentários

Trabalhando com editores, é possível fazer comentários no texto, para desenvolvimento ou preenchimento posterior. Eles funcionam como lembretes. Na hora de imprimir o texto, estes comentários não aparecem.

Editoração

Depois de se escrever um longo texto, transformá-lo em uma publicação elegante exige muito trabalho a fim de se acertar as margens, hifenizar o texto, colocar as notas de rodapé, padronizar os parágrafos e até numerar as páginas. Todas estas atividades são integralmente assumidas pelos programas de edição de texto, com a inserção de instruções bastante elementares.

Telecomunicação

Os computadores, quando conectados à internet, possibilitam que as informações sejam trocadas instantaneamente com outros pesquisadores de qualquer parte do mundo. Troca-se o correio de selos pelo correio eletrônico. Um orientador pode ver na tela (e tirar uma cópia, se quiser) o rascunho de uma tese e oferecer novos subsídios ao orientando. No campo das telecomunicações, as possibilidades também são imensas, especialmente pela Internet.

Comunicação com gráficas

O material digitado pode ser levado a algum birô de editoração eletrônica para impressões mais sofisticadas (para quem não tem uma impressora a laser ou a jato de tinta) ou mesmo para preparação de livros. As gráficas podem receber os CD´s, convertê-los, editá-los, com economia de tempo, de recursos e com menos risco de erros.

Os riscos

A "oitava maravilha" do mundo deve ser colocada no seu devido lugar. Diferentemente do que imagina o senso comum, o computador não faz mágicas. A expressão "basta jogar no computador" é filha de quem nunca se sentou diante de um. Na realidade, seu uso comporta alguns riscos:

- O primeiro deles é a possibilidade de se perder informações valiosas em razão de defeitos mecânicos nos discos, da presença de vírus ou de um comando equivocado. Devido a algum problema, todo o material contido num disco rígido (hard disk) pode ser danificado. O perigo é real, como é real sumir um livro da estante ou uma ficha da mesa. Deve-se, no entanto, acrescentar que, se alguns cuidados forem tomados, tais riscos se tornam desprezíveis. Mesmo quando as tragédias advêm, nem todas são irreversíveis.

Assim como ninguém deve deixar de comprar um automóvel pelo medo dos acidentes, ninguém deve renunciar ao prazer de ter uma máquina a seu serviço pelo medo de perder dados nela contidos. Basta dirigi-la bem. Um cuidado essencial é fazer múltiplas cópias dos arquivos, uma delas na própria internet, em serviços (geralmente gratuitos) que armazenam dados.

- A máquina também exige a companhia da máquina. Mesmo que se tenha um notebook, a relação do usuário sempre será com um equipamento. Seu uso exige estar em locais adequados e dispor de determinados recursos. Ainda não se chegou à simplicidade de uma caneta, que se compra no bar, e de uma folha de papel, que se dobra em quantas partes se quiser. Os tablets (como o iPad) trazem muitas facilidades, mas são o que são: máquinas.

- O uso dessa máquina exige cuidados básicos de postura pelo usuário para se evitar prejuízos ao corpo. A realização de trabalhos por longos períodos pode trazer problemas à visão, coluna e aos músculos das mãos. Conforme advertem os especialistas, um dos mais graves transtornos é o que pode acontecer às mãos, provocando lesões por esforço de repetição. Os registros indicam que não há risco efetivo para quem usa os computadores na pesquisa e redação, uma vez que a exposição é menos longa e menos continuada, como acontece com os digitadores de escritório. De qualquer modo, as regras do bom senso são suficientes para minimizar os riscos.

- Para o pesquisador, o maior perigo do computador é o convite que ele faz à repetição. Como a edição de textos permite "colagens" ilimitadas, o pesquisador pode se contentar em "esquentar" textos antigos, transferindo-os para os novos com pequenas alterações cosméticas. Esse tipo de produção pode ser um refúgio razoavelmente seguro para a preguiça.

O que comprar?

A primeira dificuldade com a qual o pesquisador se depara com relação ao uso do computador é como escolher os equipamentos e programas a serem adquiridos e instalados. Deve-se ter em mente que computador não é uma aplicação financeira. Ele não tem qualquer liquidez e os preços estão caindo ano após ano no mercado nacional e internacional. A decisão de compra deve decorrer da necessidade de uso. Suas aplicações tornam o equipamento indispensável no escritório e na casa de qualquer pessoa.

A vertigem nas novidades no campo na microinformática deixa muita gente confusa. Isso se aplica a toda parafernália tecnológica. Comprar um aparelho de som exige o mesmo cuidado. Cada dia sai um modelo novo.

A aquisição de um computador depende, portanto, do uso que se pretende fazer dele e dos recursos financeiros disponíveis. De qualquer modo, é importante adquiri-los de empresas idôneas, preferindo sempre os modelos mais completos dentro dos limites orçamentários.

Sempre haverá um colega portando uma máquina mais poderosa. É assim mesmo na tecnologia microeletrônica: quem comprar depois de você terá um equipamento mais potente, capaz de rodar programas cada vez mais úteis e amigáveis. Isso é natural no processo contemporâneo de acumulação tecnológica e, portanto, não se preocupe: dá para usar bem uma boa máquina por algum tempo. Tire o máximo dela. Quando puder, troque-a por uma mais atualizada, mas sem ansiedade.

Além dos equipamentos de mesa, há os portáteis (laptops, notebooks e netbooks) e os tablets. Eles são úteis para quem trabalha em lugares diferentes e precisa levá-los consigo. Todos os equipamentos disponíveis praticamente já vêm com o mínimo essencial acoplado: teclado ergonômico, monitor colorido, modem e conjunto de multimídia. Confira esses elementos, porque eles fazem muita diferença.

Periféricos

Além do computador básico com monitor, teclado e mouse, pelo menos dois outros periféricos são necessários: uma impressora e um estabilizador de rede elétrica.

Há muitas impressoras disponíveis, usando tecnologias diferentes. As impressoras mais sofisticadas são as de impressão a laser, que têm resolução próxima a uma impressão feita em gráfica. Próxima a essas, estão as impressoras a jato de tinta (inkjet). Elas podem ser monocromáticas ou coloridas. A velocidade das impressoras é um fator relevante. A escolha dependerá, mais uma vez, da natureza do uso e dos recursos financeiros disponíveis.

Pouca gente se preocupa com isto, mas é necessário um outro acessório. São aqueles equipamentos que controlam a entrada de energia elétrica no computador. Os mais simples são os filtros de linha, que eliminam ligeiramente os ruídos de energia. Depois, vêm os estabilizadores que regularizam o fluxo de energia. Por fim, há os nobreaks, que são capazes de fornecer energia por um bom tempo quando a rede elétrica falhar. Os preços obviamente variam conforme a capacidade e duração da energia.

No mínimo, adquira um filtro. Mas, se for possível, compre um nobreak, pois é o ideal. No plano doméstico, o cuidado deve ser mais com a preservação do computador do que com a preservação do material armazenado.

Programas

A compra de programas dependerá também do uso que se fará deles. Como este livro está voltado para a produção de textos científicos, o principal software a ser usado é o editor de texto. Há no mercado um grande número desses aplicativos e sua escolha dependerá basicamente do custo e das exigências editoriais do pesquisador.

Como trabalhar

Com o equipamento instalado e os programas em funcionamento, será preciso explorar as possibilidades que oferecem. Aqui vão algumas sugestões.

1. Entenda o sistema (ou plataforma) operacional, que é o programa-base que faz com que o computador execute as instruções. Você pode fazer isso sozinho ou por meio de um curso introdutório. Se você tem paciência para comprar um manual de instruções e lê-lo, aprenda sozinho. Se não, faça um curso. Os cursinhos de dez horas são suficientes. Depois, é caminhar. Esse domínio é indispensável, pois lhe possibilitará recuperar arquivos gravados que foram apagados por equívoco, corrigir defeitos em disquete, copiar arquivos do disco rígido para CD, renomear os arquivos e combater os vírus, entre outras operações.

2. Leia os manuais dos programas. Muitas pessoas têm horror a ler manuais de instrução. Por isso, acabam se contentando em dominar meia dúzia de recursos que algum amigo ensinou. Parte da culpa é dos manuais, geralmente longos e repetitivos. Assim mesmo, sua leitura é indispensável, permitindo a você saber o que programa oferece e explorá-lo ao máximo.

3. Comece com tarefas simples. Não se ponha a escrever uma tese como sua primeira atividade no teclado. Comece com uma carta ou algum texto breve. Procure se familiarizar com os recursos, para depois se aventurar por tarefas mais pesadas.

4. Crie diretórios e subdiretórios adequadamente. Não misture diretórios (também chamados de pastas). Não misture arquivos de trabalho (textos, por exemplo) com programas. Uma boa organização facilitará encontrar o que se procura e permitirá acompanhar melhor toda a produção. Desse modo, separe os arquivos por sua natureza, dividindo-os, por exemplo, em arquivos acadêmicos,

arquivos familiares, etc. Além disso, crie um método para nomear os arquivos, com um número padrão de dígitos. Por exemplo, se você está escrevendo uma tese, nomeie seus arquivos como "TES" mais o nome ou número do capítulo. Assim, o capítulo introdutório poderia se chamar TESINTRO ou TESE0000. Para não ter que confiar na memória, procure colocar os nomes dos arquivos ao final do próprio texto. (Os editores podem nomear os arquivos, mas, quando o autor o faz, pode encontrar melhor o que precisa.)

5. Tome cuidado com arquivos recebidos por e-mail. Eles podem conter vírus (programas escondidos, que conforme a sua programação, podem alterar os dados e mesmo destruir arquivos). Os vírus podem ser combatidos por programas especiais, chamadas "vacinas" ou "antivírus". Esses programas se encarregam de descobrir os vírus e destruí-los. Há inúmeras "vacinas", que você pode encontrar pela internet. Não se aborreça por perder alguns minutos, que podem salvar a vida dos seus dados.

6. Mesmo que o editor permita, não trabalhe com arquivos muito grandes. Prefira trabalhar por capítulos. Se houver alguma tragédia, será na parte e não no todo. Além disso, trabalhar com arquivos menores (entre 30 e 60 mil caracteres ou toques) fica mais rápido. Depois, ao final, reúna todos para encaminhamento ou impressão.

7. Vá gravando ("salvando") o arquivo conforme as alterações, se o seu sistema não o faz automaticamente. A cada conjunto de informações, grave ("salve") seu texto. É mais seguro. Não confie cegamente na máquina.

8. Faça uma cópia reserva (backup) de tudo. Não confie no seu disco rígido, faça cópias periodicamente e guarde. Se houver alguma dificuldade, basta transferir as informações para a unidade originária. Além disso, no próprio hard disk, você pode fazer cópias reservas (em outro diretório), se o seu editor não o fizer

automaticamente. Há outras possibilidades de você armazenar seu material na nuvem (cloud), isto é, virtualmente. O recurso deve ser usado juntamente com os recursos físicos, como discos rígidos. Em toda a situação, armazene em mais de um lugar, atualizando o material periodicamente.

9. Separe as atividades de digitação e editoração. Primeiro, preocupe-se em redigir; depois, editore o material, ocupando-se com margens, recuos, posição de títulos, etc. Faça cada coisa na sua devida etapa.

10. Por fim, explore seu programa de edição de texto:

- faça notas de rodapé, dentro das normas da ABNT, com números elevados e fios;

- gere sumários automaticamente, tanto para os capítulos quanto para os quadros e anexos;

- revise a ortografia do texto. Cuidado com as revisões efetuadas por editores de texto. Você conhece a língua melhor do que ele;

- faça quadros e tabelas com bom acabamento;

- escreva na ordem que for dominando o assunto e não necessariamente em sua sequência final;

- use todos os recursos de editoração, desde que necessários, como:

    ✓ expansão e compressão do corpo do texto;
    ✓ sublinhamento, negritação ou italização do texto;
    ✓ numeração automática de páginas;
    ✓ colunas múltiplas;
    ✓ rodapés ou cabeçalhos;
    ✓ importação de planilhas e banco de dados;
    ✓ inversão de caixas (letras maiúsculas/minúsculas);
    ✓ programação de letras para uso posterior.

Sugestões bibliográficas

Para estar atualizado com os avanços da microinformática (tanto em termos de hardware quanto de software), as melhores fontes são as revistas e jornais disponíveis em bancas de jornais. Todos os grandes diários possuem cadernos semanais dedicados ao tema. Há também revistas "especializadas" para o público em geral, que podem ser lidas com proveito.

Capítulo 8

Dê um punhado de pedras e algumas plantas a alguém. Daí poderá surgir um amontoado desordenado de pedras e de plantas. Ou o jardim. Tudo depende de um mínimo conhecimento da arte de arranjo de pedras e das plantas e a dose indispensável da imaginação para fugir à rotina, ao comum desses arranjos. Mas, sem as pedras e as plantas, quem fará um jardim?

– Fernando D. Almada

Manual sucinto de redação de textos científicos

Escrever é um jeito de ser. Mesmo nos textos científicos, esse jeito de ser, que bem poderia ser chamado de estilo, está presente. Não há como um autor não estar presente na sua obra, mesmo numa forma de comunicação aparentemente impessoal. Se o conhecimento científico consiste mesmo "em reduzir o que é experimentado na percepção como algo individual",[1] o texto é o lugar por excelência dessa individualidade.

O autor de um texto científico tem que se autocompreender como um escritor... um escritor de texto científico, que assume que existe apenas uma única criação intelectual, seja ela acadêmica ou poética. Nesse sentido, o autor de texto científico, a exemplo dos de outras áreas, é como ourives que escolhe as palavras e as vai cravejando como pedras preciosas no corpo da frase.

O texto científico, independentemente de sua genealogia ou teleologia, constitui um gênero próprio. Em certo sentido, é um gênero de

---

[1] GRANGER, G. C. *Filosofia do estilo*. São Paulo: Perspectiva/Edusp, 1974, p. 16.

criação literária. Nele e por ele o autor apresenta os resultados de sua pesquisa, que é, no fundo, um pretexto para comunicar suas ideias. Como todo texto, a comunicação científica também visa a persuasão. Isso não implica ceder ao fácil para convencer. Significa escrever de forma inteligível. Mais que isso, significa escrever para provocar prazer em sua leitura. O prazer está precisamente no estilo.

Um texto — e isto é ou deveria ser especialmente verdadeiro para todos os de natureza acadêmica — é o campo onde o autor e o leitor se unem para um jogo contra as forças da confusão. O conhecimento científico está voltado para a interpretação e transformação da realidade. Toda interpretação é um esforço para ordenar o caos. O texto é o estágio final do processo. A partir daí, o que vier a ocorrer independe dele, embora possa ter nascido de sua leitura.

A aceitação desses pressupostos impõe maior responsabilidade ao autor. Seu texto terá que perseguir os princípios básicos de qualquer comunicação, como clareza, concisão, correção, encadeamento, consistência, contundência, precisão, originalidade e fidelidade, entre outros compromissos.

Esta não é uma tarefa menos fácil do que reunir e analisar os dados. É tarefa que aos fracos abate, mas aos fortes só faz exaltar, como no poema de Gonçalves Dias sobre a vida.

Não há dúvida: "escrever só é nobre quando a gente, para tanto, sofre".[2]

Um texto pode ter as virtudes essenciais da clareza, da concisão e da precisão e ser enfadonho. A advertência que se faz aos jornalistas se aplica aos cientistas. Há uma dimensão estética no escrever, como há no ler. Um texto é para ser fruído.

É para tornar prazeroso o ofício de escrever textos acadêmicos que se preparou este manual sucinto. Ele não deve ser tomado como uma

---

[2] LACERDA, Carlos. *O cão negro*. Citado por NUNES, Mário Ritter, *op. cit.*, p. 52.

receita pronta, a ser manipulada numa farmácia, simplesmente porque o estilo é uma obra do espírito. De igual modo, como o estilo é o seu autor, muitas das recomendações aqui apresentadas carregam a marca de quem as compilou, como ocorre a qualquer texto.

O que se pretende é apenas contribuir para que os autores esposem melhor suas ideias, seu verdadeiro e inalienável patrimônio.

Requisitos fundamentais de um trabalho científico

Para que haja uma boa comunicação científica, terá que ter havido uma boa investigação científica,[3] que é aquela que demonstra, por parte do autor, o domínio do assunto escolhido, bem como sua capacidade de sistematizar, recriar e criticar o material coletado.

A seguir, são destacadas algumas qualidades globais da pesquisa científica, bem como algumas falhas mais comuns. Mais adiante, discutem-se as qualidades específicas do texto.

Qualidades da investigação científica

Uma investigação científica deve ter as seguintes qualidades:

Delimitação precisa

Para que a pesquisa tenha direção e possa ser aferida, o objeto (ou problema ou assunto) a ser investigado deve estar bem delimitado. Isso significa que precisa estar adequadamente circunscrito (quanto ao tempo e ao espaço), definido (quanto às categorias que emprega) e especificado (em relação à área maior do conhecimento em que se inscreve).

Boa parte das intenções de pesquisa não se materializa pela falta de uma delimitação precisa. Mesmo quando é levada a cabo, a ausência

---

[3] Cf. ESPÍRITO SANTO, Alexandre do. *Delineamentos de metodologia científica*. São Paulo: Loyola, 1992, p. 41.

deste pré-requisito dificulta a elaboração da comunicação dos dados. Mesmo quando esta comunicação é concluída, o leitor ainda se pergunta sobre o que afinal, pretendeu o autor.

Uma delimitação precisa é o primeiro passo para a adequada condução de uma pesquisa. Por ela, o assunto tratado se torna reconhecível e claro, tanto para o autor quanto para os leitores.

Relevância temática

O tema (ou assunto ou problema) a ser tratado deve ser relevante e desenvolvido por meio da apresentação de dados e discussão de ideias. Assim, relevante é o tema que amplia os horizontes do conhecimento acerca de um objeto. Para isso, deve ser original. Mesmo uma revisão bibliográfica pode preencher este requisito, se reunir o material sob um novo eixo.

De igual modo, relevante é o tema cujo conhecimento faz alguma diferença na vida das pessoas, mesmo que elas não o percebam. Para o público não especializado, a maioria das discussões acadêmicas é bizantina (embora o mesmo público não use o termo, por desconhecê-lo), conquanto não o seja. Por isso, em boa parte dos casos, não é este o julgamento que importa.

Fundamentação teórica

O autor deve ter em mente que a pesquisa científica é um processo que consiste em interpretar fatos segundo um referencial teórico. O resultado é, entre outras facetas, o acúmulo e a predição, o que contribui para a ampliação dos horizontes do próprio referencial teórico,[4] num fluxo de retroalimentação constante.

Cabe ao autor enunciar e fundamentar seu marco teórico. O sentido desse marco varia de área para área do conhecimento. De qualquer modo, sempre dirá respeito ao modo de observar e interpretar a

---

[4] A síntese está baseada em AGNEW, N., PYKE, S.W. *The science game: an introduction to research in the behaviorial sciences*. Citado por ESPÍRITO SANTO, Alexandre do, *op. cit.*, p. 19.

realidade. Já que ninguém pesquisa ou escreve sem semelhante quadro teórico, ele precisa ser explicitado.

Clareza nos procedimentos

Uma boa investigação indica com clareza os procedimentos adotados, especialmente as hipóteses de trabalho (que devem ser específicas, plausíveis, relacionadas a uma teoria e a referências empíricas) e os modelos de análise (sejam eles descritivos, explanatórios ou prescritivos).

Esses procedimentos devem permitir a verificabilidade dos dados, para permitir a aceitação ou contestação das conclusões fornecidas. Alguns autores chamam-nos de método ou metodologia.[5]

Rigor documental

Um dos elementos essenciais na comunicação científica é o rigor na documentação, entendido como a apresentação de informações sobre as fontes dos dados, sejam eles obtidos pela observação ou pela leitura de autores.

A documentação deve ser apresentada segundo regras normativas universais e coerentes que permitam com facilidade e precisão a identificação dessas fontes. Esse rigor é um dever ético indiscutível e uma condição indispensável para a verificabilidade dos dados.

Organização lógica

O material deve ser apresentado numa sequência lógica, seja ela dedutiva (do geral para o particular) ou indutiva (do particular para o geral).

Cada tipo de estudo pede um tipo de sequência. Dois grandes paradigmas de organização do material se cristalizaram ao longo da história

---

[5] A propósito, vale aqui a advertência de Mario Bunge que nega a existência de um "método científico", diante da crise dos paradigmas. Bunge observa categoricamente: a ideia de que o método, no caso o indutivo, existe "e que sua aplicação não requer talento e tampouco uma extensa preparação prévia é tão atrativa que ainda existem os que acreditam na sua eficácia. Essa crença acrítica costuma ser tão apurada que aqueles que a sustentam não se perguntam se ela tem uma base indutiva. Chamá-lo-emos de 'metodolatria'". Cf. BUNGE, Mario. *Epistemologia*. Trad. Claudio Navarra. São Paulo: T.A.Queiroz/Edusp, 1980, p. 20.

da ciência. Sem qualquer hierarquia, são eles o modelo IRMRDC e o modelo IDC.

O modelo IRMRDC (introdução, revisão de literatura, materiais e métodos, resultados e conclusão) é bastante preciso, comportando pouca variação. Na introdução, cuida-se de delimitar e explicitar o tema, bem como indicar o quadro teórico da pesquisa. Na revisão de literatura, faz-se um inventário do estatuto do conhecimento acerca do objeto do estudo, a partir dos autores mais expressivos. Na seção materiais e métodos, oferecem-se os procedimentos empregados na coleta e na análise dos dados. Nos resultados, descrevem-se os dados levantados, os quais serão analisados na seção seguinte: discussão. A conclusão serve a uma revisão geral do material apresentado e a uma indicação de potenciais desdobramentos da pesquisa.

O modelo IDC (introdução, desenvolvimento e conclusão) é mais aberto. Apenas a introdução e a conclusão têm escopos mais ou menos fixos e se assemelham ao que é feito no modelo IRMRDC. O desenvolvimento é uma longa seção com diversos capítulos, que podem conter aspectos como revisão de literatura, se isto for pertinente; discussão das hipóteses, em conjunto ou separadamente, conforme a escolha e se este for o caminho; argumentação dedutiva ou indutiva, segundo o objeto que se tem; descrição de fenômenos ou fatos, de acordo com o objetivo que se pretenda.

Seja qual for o modelo e sejam quais forem suas variações, o que importa é tê-lo bem claro na coleta e na comunicação dos dados, e ser coerente com a escolha. O princípio é não se deixar escolher pelo modelo, mas escolhê-lo. O pesquisador não foi feito para o modelo. Pelo contrário.

Estilo apurado

O texto deve ser escrito de modo apurado. Isso significa tão somente dizer que precisa ser redigido de modo gramaticalmente correto, fraseologicamente claro, terminologicamente preciso e estilisticamente agradável.

Falhas mais comuns na investigação científica

Uma maneira de aperfeiçoar o estilo é ver os problemas em que os outros autores incorrem.

Falta de clareza nos propósitos

O autor deve ter sempre em mente seus objetivos na condução da pesquisa. Por isso, se não estiver trabalhando com hipóteses, será útil pelo menos explicitar os objetivos da investigação. Do contrário, o leitor poderá ficar com a sensação de não ter entendido aonde o autor quer chegar.

Falta de originalidade do material

Desde a escolha do tema até a redação do texto final, passando pela definição do referencial de análise e pela análise propriamente dita, o trabalho deve evidenciar originalidade. Uma comunicação científica, mesmo um capítulo de revisão de literatura, precisa do toque pessoal do seu criador. Há que ser sempre uma tentativa própria de contribuição para a compreensão do objeto investigado.

Má organização do material expositivo

Os capítulos devem ser organizados de modo lógico, coerente e harmônico. Capítulos muitos longos devem ser divididos.

Repetição de palavras, conceitos e informações

A remissão a informações já apresentadas deve ser mínima e apenas para recordar o leitor, de cuja paciência não se deve abusar sob nenhum pretexto.

Desatualização bibliográfica

Além de abundantes, as fontes devem ser atualizadas e adequadas. O compromisso de um pesquisador é fazer avançar o conhecimento e não apenas repeti-lo. Assim, para estar em dia com este conhecimento, precisa estar em dia com as fontes, sejam artigos, monografias ou teses. O critério da adequação deve acompanhar o da atualização. Uma pesquisa histórica, por exemplo, exige atualização bibliográfica, mas também o uso de fontes primárias e originais.

Excessiva dependência das fontes

Os autores e materiais utilizados devem ser usados criticamente, sendo mantida uma distância entre eles e o autor do novo texto. Um texto científico não é e nem pode parecer uma colagem.

Incorreção ou incoerência no sistema de referenciação das fontes

Seja qual for o sistema usado (numérico ou alfabético), o texto deve seguir as normas da Associação Brasileira de Normas Técnicas (ABNT). A consulta a suas normas, fruto de trabalho rigoroso, é muito cara, mas as bibliotecas das instituições disponibilizam este material.

Dimensão excessivamente longa de títulos de capítulos ou tópicos

Os títulos, subtítulos e entretítulos devem ser apenas indicativos do conteúdo que se seguirá, não devem pretender sintetizá-lo.

Inadequação da definição de termos

Os termos empregados devem ser explicitados, caso isso seja imprescindível. Se eles forem de domínio comum, devem ser utilizados de modo consistente ao longo do texto. Uma vez definido o termo, deve-se pressupor que esteja claro para o leitor, não havendo necessidade de ser repetida a definição a cada capítulo.

Essas qualidades e essas falhas exigem cuidado por parte do autor, que deve se lembrar que "o que é escrito sem esforço é lido sem prazer".[6]

---

[6] JOHNSON, Samuel. Citado por *MANUAL de estilo Editora Abril*. Rio de Janeiro: Nova Fronteira, 1990, p. 35.

Os elementos discutidos a seguir pretendem ajudar aqueles que desejam escrever melhor.

Princípios de comunicação

O propósito de um texto científico é comunicar os resultados e as ideias a que se chegou, após a coleta e análise dos dados. Para começar, considere estes quatro conselhos preliminares.

1. Escreva para ser lido. Você deve sempre pressupor que está escrevendo para pessoas com interesses variados.[7] Não tenha em mente apenas o professor da disciplina que solicitou o trabalho, o orientador da pesquisa ou a banca que a julgará. Seu texto deve evidenciar que você escreveu algo que vale a pena ser lido. Para tanto, você precisa acreditar na relevância da sua pesquisa e na qualidade do seu texto. Se não acredita, mude de assunto. Não escreva para provocar sono, mas para incendiar a imaginação.

2. Procure o melhor modo de comunicar suas ideias. Se suas ideias valem a pena, procure o melhor meio para atrair e informar o leitor. Cada tipo de pesquisa exige um tipo de relatório. Descubra-o. Há várias maneiras de dizer uma coisa: procure a melhor. Se, por exemplo, no seu texto há predominância de dados numéricos, organize-os em tabelas e gráficos, tomando o cuidado de não repetir no texto os dados apresentados na ilustração: ocupe-se da sua interpretação.

3. Seja original. Há sempre uma pilha de artigos e livros sobre a mesa dos leitores. Para selecionar os que serão lidos, eles vão folhear os textos candidatos e, por fim, lerão aqueles que lhes parecerem mais originais. A originalidade está no tratamento do assunto, desenvolvido de um modo que ainda não foi experimentado. A

---

[7] Cf. RUMMEL, J. Francis. *Introdução aos procedimentos de pesquisas em educação*. Tradução de Jurema A. Cunha. 3ª ed. Porto Alegre: Globo, 1977.

originalidade está numa redação autônoma, agradável e criativa. Escrever de modo autônomo é redigir numa perspectiva pessoal, transformando o material em mãos numa obra do espírito e não numa colcha de retalhos alheios, reescrevendo (a maioria) e transcrevendo (quando indispensável) as ideias contidas nas fontes. Escrever de modo agradável é redigir de forma a despertar no leitor o prazer da leitura; escrever de modo criativo é construir as frases de jeito a realçar os aspectos novos do problema tratado.

Originalidade é também riqueza vocabular, que se manifesta na recusa ao uso das frases feitas, dos lugares-comuns e dos jargões profissionais. Por isso, seja rigoroso na escolha das palavras. Não basta que seu texto contenha ideias, ele precisa se desenvolver por meio de um rico vocabulário. Semelhante riqueza permitirá evitar a cansativa repetição de palavras, que revela apenas a escassez vocabular do autor, embora o leitor geralmente a confunda com indigência mental mesmo.

Em síntese, original é o texto que reflete uma imagem nova, uma relação inédita, um pensamento raro.[8]

4. Cultive a simplicidade. Quanto mais se conhece a língua, mais se escreve com simplicidade. Escrever bem não é escrever difícil: é provocar sensações no leitor. A melhor remuneração para um autor é despertar no leitor o seguinte comentário, parafraseado de Dostoievski: "Eu gostaria de ter escrito este texto". Quem escreve bem despreza o enfeite gratuito (seja um adjetivo ou uma frase rebuscada), a falsa erudição (com citações desnecessárias e conceitos confusos), as frases empoladas (que apenas dão a impressão de brilho), o vocabulário pernóstico (cheio de palavras de uso raro, quando há as de uso comum e de mesma eficácia), entre outras afetações. Não permita, por exemplo, que os adjetivos se tornem

---

[8] NUNES, Mario Ritter. *O estilo na comunicação*. Rio de Janeiro: Agir, 1978.

como os chocalhos das vacas destruidoras de cerca, que só servem para fazer barulho.[9]

Em resumo, o texto deve ser elegante, sabendo-se que não há elegância sem simplicidade.[10]

Qualidades a serem alcançadas

O texto científico deve ser redigido seguindo-se aqueles cuidados que lhe confiram clareza, concisão, coerência, correção e precisão, entre outras qualidades.

CLAREZA: escreva para ser entendido. Todo texto deve ser escrito para ser entendido, até mesmo os diários íntimos. Na comunicação científica esse é um princípio áureo a ser buscado. Portanto, uma eventual dificuldade do leitor deverá residir na compreensão do assunto, por vezes complexo, jamais na obscuridade do raciocínio do autor.

Um pensamento claro gera um texto claro, escrito segundo a ordem natural do pensamento e das regras gramaticais. Dito de outro modo, "escreve claro quem concebe ou imagina claro".[11] Não escreva de modo a merecer a ironia de que "os escritores nebulosos têm um deus à parte" e "talvez por isso não se dão ao trabalho de filtrar seu pensamento".[12]

Ser claro não é escrever de modo óbvio. Não é renunciar à originalidade e à profundidade. Sob a clareza de um texto devem estar as ideias mais densas. A profundidade que todo autor de texto científico almeja não é alcançada com hermetismo. Aliás, há autores que escrevem num dialeto próprio, como se sua leitura exigisse a presença permanente de um tradutor.

---

[9] A recomendação é de PENTEADO, José Roberto Whitaker. *A técnica da comunicação humana*. 13ª ed. São Paulo: Pioneira, 1997.

[10] GARCIA, Luiz. *Manual de redação e estilo*. 23ª ed. Rio de Janeiro: Globo, 1996.

[11] UNAMUNO, Miguel de. Citado por *MANUAL de estilo Editora Abril, op. cit.*, p. 28.

[12] MONET, Carmelo. *A técnica literária*. São Paulo: Mestre Jou, 1970.

Um bom teste para a clareza do seu texto é solicitar sua leitura por outra pessoa. Se ela fizer alguma pergunta, não responda. Volte ao texto e o reescreva. Depois, repita o teste.

CONCISÃO: procure dizer o máximo no mínimo. A clareza concorre para a concisão. Qualquer texto, principalmente o científico, precisa dizer o máximo no menor número possível de palavras. Um dos critérios para a aceitação de um original para publicação (de artigos e livros) é a extensão do texto. Quanto maior, menores serão as suas chances. Ademais, um autor seguro do que quer dizer não se perde em meio às suas palavras, que são um meio de dizer e não um fim. Assim, por exemplo, não escreva: "autores como Jay e Joy relatam que as decisões"; prefira a concisão: "para Jay e Joy, as decisões". Também não diga: "isso envolve a necessidade de um novo estudo"; diga logo: "isto requer um novo estudo".

Se é verdade que a clareza concorre para a concisão, igualmente o é que a concisão concorre para a clareza.[13] A concisão se obtém com o exercício de reescrever. A cada vez que se faz isso, descobre-se uma repetição de ideias ou de palavras, nota-se um vocábulo supérfluo, encontra-se uma maneira de dizer a mesma coisa com menos palavras.

CORREÇÃO: escreva em português. Todo texto tem um estilo próprio, mas a gramática é sempre a mesma para todos os textos. O estilo depende da correção da linguagem.[14] Nesse sentido, a qualidade gramatical de textos científicos, mesmo de alguns publicados, está muito aquém do nível das ideias que apresenta, ao ponto de, às vezes, impedir a compreensão dessas mesmas ideias. Assim, a língua, seja aquela usada no dia a dia das pessoas, seja a empregada na imprensa, seja aquela pela qual se expressam professores e alunos, vem sendo objeto de involuntários mas violentos maus-tratos. Como acentuou George Orwell, referindo-se ao idioma inglês, a língua se torna feia e imprecisa porque as ideias são tolas, mas a falta de apuro da linguagem contribui para que

---

[13] Cf. OITICICA, José. *Manual de estilo*. Citado por NUNES, Mário Ritter, *op. cit.*, p. 90.
[14] SILVEIRA BUENO, Francisco. *A arte de escrever*. 8ª ed. São Paulo: Saraiva, 1952.

se tenham ideias tolas. Por isto, "nada tem de frívola a guerra ao mau uso da língua".[15]

Os maiores cuidados devem ser tomados em três dimensões principais: a ortografia, a concordância e a pontuação. A ortografia, os editores de texto, com seus corretores eletrônicos, já resolveram; não há dúvida a que um dicionário não possa responder. Sobre a concordância e a pontuação, um dos erros mais comuns é a colocação de uma vírgula entre o sujeito e o predicado, sendo frequente, por exemplo, o seguinte equívoco: "Alves (1980), propõe um novo paradigma para...". A autovigilância é um dever. Solicitar a ajuda de quem não tem esse tipo de dificuldade é outro recurso. Contudo, depois de receber a primeira ajuda na correção, o melhor caminho é se dedicar ao estudo da gramática nos pontos críticos. Aprender é mais fácil do que depender permanentemente de terceiros.

PRECISÃO: seja preciso nas palavras e nos conceitos. A precisão conceitual e terminológica é absolutamente indispensável na comunicação científica. A ambiguidade léxica é inaceitável. Quando os termos são usados na sua acepção universal, não precisam de definição. No entanto, quando empregados numa acepção particular, devem ser definidos num glossário ou numa nota de rodapé. A precisão exige que se busque a palavra certa. Enquanto essa palavra não é encontrada, o texto tende a se delongar, no temor de não ter sido claro.[16]

CONSISTÊNCIA: mantenha coerência nos termos. O texto deve usar os tempos verbais, os pronomes e as grafias especiais de um modo coerente ao longo do texto. Para os tempos verbais deve-se preferir a voz ativa. Muitos autores optam, por exemplo, por descrever fatos do passado no presente do indicativo. É um recurso estilístico aceitável. O problema é quando o pretérito e o futuro são usados para descrever o mesmo tipo de situação. Esta inconsistência nada tem de elegante.

---

[15] ORWELL, George. Citado por GARCIA, Luiz, *op. cit.*, p. 20.

[16] A advertência é ainda de PENTEADO, J. R. Whitaker, *op. cit.*, p. 221.

De igual modo, os pronomes ou palavras que o autor usa para se referir a si mesmo devem guardar o mesmo cuidado. Para se referir a si mesmo como pesquisador, o autor pode escolher um tratamento ("eu", "nós", "o pesquisador", "este pesquisador") ou buscar a impessoalidade ("a pesquisa pretende"; "pretende-se"). O importante é manter a escolha coerentemente ao longo de todo o trabalho. O mesmo cuidado se aplica ao uso de numerais, à grafia de palavras estrangeiras, à formatação das citações, às notas bibliográficas, etc.

CONTUNDÊNCIA: provoque o leitor. O texto deve ir direto ao ponto, afirmando o que tem que ser afirmado, negando o que tem que ser negado, sem circunlóquios, sem eufemismos e sem explicações desnecessárias. As afirmações devem ser fortes, seja para criar impacto e persuadir, seja para marcar as posições do autor. A frase deve ser vigorosa e não frouxa. Assim, em lugar de dizer vagamente, por exemplo, "parece-me que a escola, devido talvez a problemas de administração, está em dificuldades financeiras", é melhor redigir: "os balancetes demonstram que a escola está em dificuldades financeiras".

ORIGINALIDADE: seja original. Evite as frases feitas, as ideias batidas e as expressões vazias de novidade. Há sempre uma maneira diferente de dizer as mesmas coisas. Procure-a até encontrar.

CORREÇÃO POLÍTICA: escreva de modo politicamente correto. Sem fazer disso uma obsessão, procure ser o mais politicamente correto que conseguir, à luz dos seus conhecimentos, especialmente os etimológicos. Escreva de modo "eticamente correto" para evitar o uso de expressões que sejam ofensivas a grupos, especialmente os minoritários. Afaste-se do emprego de expressões de conotação etnocêntrica, especialmente as de cunho político (como "classes desfavorecidas"), sexista e racista (como "judiar" ou "denegrir"). Fique atento, mas não se desespere.

FIDELIDADE: seja honesto com o assunto, com as fontes e com o leitor. Na argumentação e no uso das fontes, o texto deve seguir parâmetros que impliquem respeito ao objeto de estudo e às fontes empregadas.

Na argumentação, não deve apelar a falácias lógicas, como as abaixo exemplificadas:

- *argumentum ad populum*: apelo à vaidade do leitor ("quem for inteligente concordará com a nossa hipótese"; "somente um leigo afirmaria");
- *argumentum ad misericordiam*: apelo à bondade do leitor para relevar falhas do redator ("gostaria de ter me aprofundado no assunto, mas não foi possível"; "em virtude da escassez de tempo, não foi possível");
- *argumentum ad verecundiam*: apelo à autoridade de um autor: ("porque Dermeval Saviani disse...").

No uso das fontes, faça tudo o que estiver ao seu alcance para não distorcer os que os autores quiseram dizer. Ao anotar as informações, cuide dos detalhes, de modo a lhe permitir indicar meticulosamente todas as elipses e interpolações.

Para escrever melhor

Procure ser claro e conciso. Para tanto, cuide de escrever frases breves, parágrafos curtos e capítulos enxutos. O alvo deve ser dizer o máximo com o menor número possível de palavras.[17] Tenha sempre em mente que o melhor texto é aquele que apresenta os resultados no menor número possível de palavras. Se você pode usar uma palavra em lugar de duas, use uma e não duas. Busque a qualidade, não a quantidade de palavras.[18] Na busca desse ideal, considere as seguintes recomendações.

---

[17] É o que está nas instruções aos colaboradores do *Journal of Bacteriology*: "The best English is that which gives the sense in the fewest short words", literalmente, "o melhor inglês é aquele que dá o sentido em pouquíssimas palavras". Citado por DAY, Robert A., GASTEL, Barbara, *op. cit.*, p. 3. O princípio é básico para qualquer área do conhecimento e para qualquer idioma.

[18] NUNES, Mario Ritter, *op. cit.*, p. 111.

A FRASE. Não sobrecarregue uma frase com dados e ideias. Cada frase deve conter apenas uma ideia forte e a informação indispensável, tanto para o autor quanto para o leitor. Não se deve acumular numa mesma frase ideias que não se relacionam e que podem compor outra frase.[19]

Não torne desnecessariamente longas as frases, especialmente com apelos fáceis a recursos como gerúndios ("sendo que", "fazendo com que") e pronomes relativos ("o qual", "cujo"), entre outros. Abstenha-se de superlativos, aumentativos, diminutivos e adjetivos em demasia.

O PARÁGRAFO. De igual modo, os parágrafos também não devem ser longos. Diante deles, a tendência dos leitores é passar para o próximo. Embora um parágrafo deva conter uma ideia completa, por vezes será melhor quebrá-lo em nome do interesse do leitor que dificilmente tolera um parágrafo com mais de quinze linhas. As qualidades básicas de um bom parágrafo são a unidade (contendo uma única ideia), a coerência (com as frases conectando-se entre si) e a ênfase (com destaque para a ideia principal).[20]

O CAPÍTULO. Os mesmos cuidados devem ser considerados para a extensão dos capítulos, que não devem ser excessivamente longos. É recomendável que contenham tópicos identificados por entretítulos. A numeração sequencial não é indispensável, mas é imprescindível que haja uma hierarquia entre eles, demonstradas pela numeração ou pelo uso de tipos de letra diferentes. É bom também que os capítulos guardem um certo equilíbrio quantitativo entre eles.

O ENCADEAMENTO. Encadeie as frases, os parágrafos, os tópicos e os capítulos entre si. Procure tornar cada frase um desenvolvimento do que veio antes, numa sequência lógica, tanto para explicar quanto para demonstrar, detalhar, restringir ou negar. Cada parágrafo deve estar em harmonia e em tranquila transição com o anterior e com o posterior. O

---

[19] NUNES, Mario Ritter, *op. cit.*, p. 106.

[20] Cf. SILVEIRA BUENO, F., *op. cit.*, p. 85-93.

mesmo vale para tópicos e capítulos. Faça o texto fluir naturalmente e não andar aos solavancos.[21]

As partes (frases, parágrafos, tópicos e capítulos) devem "ligar-se não com barbantes, mas com a lógica das ideias, pela força do pensamento".[22] Lembre-se que a construção de um texto se assemelha ao trabalho de um pedreiro: "Cada tijolo apoia o que lhe é posto em cima e nenhum deve atrapalhar a harmonia do conjunto".[23] Trata-se de observar a lógica, o equilíbrio e a proporção.[24] Para alcançar essas qualidades, por vezes será necessário reescrever o texto até que alcance a concisão indispensável que sempre concorre para a clareza,[25] meta permanente de quem escreve.

A arte de citar

Cite pouco e reescreva muito. Citar é uma das tarefas mais complexas na comunicação científica, tanto no que se refere ao diálogo com os autores quanto no aproveitamento do seu pensamento e na correta documentação do material empregado. Os problemas mais comuns quanto à citação são os seguintes:

- excesso de citações, o que faz do trabalho uma enorme colcha de retalhos;
- escassez de citações, atribuindo-se ao autor pensamentos que são de outrem;
- documentação inadequada (por inexistência, insuficiência ou incorreção) das fontes empregadas;

---

[21] Cf. GARCIA, Luiz, *op. cit.*, p. 30.

[22] PENTEADO, J. R. Whitaker, *op. cit.*, p. 221.

[23] GARCIA, L., *op. cit.*, p. 29.

[24] Cf. ALBALAT, Antonio. *A arte de escrever*. Citado por NUNES, Mário Ritter, *op. cit.*, p. 126.

[25] OITICICA, José. Citado por NUNES, Mario Ritter, *op. cit.*, p. 91.

- presença no texto de informações que poderiam ir para as notas, o que permitiria deixar a redação mais "limpa";

- falta de diálogo com as fontes, usadas, às vezes, apenas para abonar o pensamento do autor, sem discussão;

- inadequada transição entre o texto do autor e o texto citado, o que, às vezes, dificulta a identificação de quem está falando.

Para evitar essas falhas, seguem-se algumas observações que podem ser úteis.

Tipos de citação

Há três tipos básicos de citação: a direta, a indireta e a dependente.

1. Citação direta (ou formal)

Neste caso, o conteúdo do original utilizado é transcrito fielmente e entre aspas. (Exemplo: Rubem Alves afirma que "de educadores para professores, realizamos o salto de pessoa para funções".)

Abusos. Não abuse das citações formais. Elas, no entanto, são inevitáveis quando as palavras forem tão importantes quanto o conteúdo que expressam. Nos demais casos, o melhor é reescrever o texto utilizado. Portanto, faça poucas citações diretas; opte por reescrevê-las, creditando-as aos seus autores. De qualquer modo, não devem ser muito longas; embora não haja um limite, um bom parâmetro é ficar sempre abaixo das quinze linhas por citação.

Cite só o que for chave e aquilo que você não conseguir escrever de forma melhor (mais curta e mais precisa, por exemplo). O princípio básico é reescrever o máximo, citar o mínimo e creditar a fonte sempre onde colocar o número da nota: após a referência ao nome do autor ou após a conclusão do seu pensamento, para evidenciar até onde vai o pensamento referenciado.

TRANSIÇÕES. Em todos os casos, a passagem do texto para a citação, e vice-versa, deve ser a mais natural possível. A menos que a menção do nome a ser citado seja relevante ou você vá travar o diálogo com ele, entre direto na citação. Se seu nome já aparece na nota de rodapé, não é indispensável no texto. A menos que seja para discutir a citação. Se for parte da argumentação, a nota é suficiente para o crédito. Em todas, o crédito às fontes é indispensável conforme o sistema adotado. Evite, por tornar desagradável a leitura, a transição exemplificada abaixo.

Evitar:

Sobre o acordo entre metodistas e militares e as repressões internas, dele decorrentes, escreve Boaventura: "O processo de assimilação não se fez sem dificuldades por parte dos metodistas. Em 1966 tiveram que assimilar a tentativa de intervenção no Instituto Benett, ocasião em que se fez dispensa de alguns professores".

Preferir:

Há um acordo entre metodistas e militares. Como resultado, surgem as repressões internas. "O processo de assimilação não se fez sem dificuldades por parte dos metodistas. Em 1966 tiveram que assimilar a tentativa de intervenção no Instituto Benett, ocasião em que se fez dispensa de alguns professores" (Boaventura...).

ALTERAÇÕES. Podem ocorrer algumas recriações (com elipses, interpolações e destaques) na apropriação do texto, as quais devem ser registradas, conforme normas estabelecidas.

- ELIPSES: supressão de palavras ou frases. Não há necessidade de se citar a frase ou o parágrafo completo. Basta transcrever a unidade de pensamento que interessa ao desenvolvimento da argumentação ou à apresentação da informação. A supressão deve ser indispensavelmente indicada por reticência dentro de colchetes: [...].

  Exemplo: "A dimensão completa da vida e do trabalho de um supervisor-educador, intelectual e criativo [...] desdobra a sua prática pedagógica em todos os níveis em que é necessário vivê-la".

Embora seja muito comum, é um rigorismo desnecessário indicar elipses no início e no final do texto citado, como no seguinte exemplo:

Sobre o conceito de ética, é útil recordar a distinção de Nietzsche: "[...] Há moral de senhores e moral de escravos".

É um pressuposto que, antes e depois da frase, o texto continua.

- INTERPOLAÇÕES: acréscimo de palavras ou frases. Pode ocorrer a necessidade de se acrescentar uma palavra ao texto citado, para uma melhor coordenação ou compreensão do trecho. Nesse sentido, as interpolações devem ser inseridas entre colchetes: [ ], toda a vez que isso ocorrer.

  Exemplo: "A dimensão completa da vida e do trabalho de um supervisor-educador [realmente] intelectual e criativo".

- CITAÇÕES INTERNAS: citação dentro de uma citação. Pode ocorrer que o texto citado mencione um segundo texto entre aspas. No caso, as aspas duplas da expressão ou frase mencionada na citação devem ser convertidas em aspas simples: ' '.

  Exemplo: "Na sociedade feudal, segundo Duby, 'o juramento de auxílio e de amizade' tinha figurado como uma das peças mestras do sistema".

- DESTAQUES: sublinhamentos, negritos ou itálicos que não constam do original. Quando for importante fazer algum destaque tipográfico numa palavra ou expressão para salientar uma ideia ou informação do texto, indique-o com a expressão "grifo nosso" ou "grifo meu", preferentemente na nota de rodapé. Se for do texto original, fica pressuposto pertencer ao autor citado.

- CHAMADAS DE ATENÇÃO: indicação de erros, exageros ou absurdos no original. Quando o texto citado contiver um erro informativo, uma expressão politicamente incorreta ou um equívoco gramatical, entre outros problemas, chame a atenção para o problema por meio do uso da palavra "sic" ("assim", em latim) em itálico e dentro de colchetes.

Exemplo: A ata registra a seguinte declaração do diretor: "isto é pra mim [sic] fazer".

- Traduções. No caso de originais estrangeiros, a citação pode ser apresentada no idioma em que foi escrita ou em tradução. É mais útil traduzir. Só cite no original quando também as palavras, pelo seu aspecto conceitual e lexicográfico, forem indispensáveis para a compreensão da argumentação do autor. Não faz sentido citar no original textos já traduzidos para outros idiomas, especialmente o espanhol, como é frequente; nesse caso, a nova tradução para o português é uma decorrência natural. Caso contrário, ficaria ridículo, por exemplo, fazer Hegel ou Marx escrever em outra língua que não o alemão.

Em todos os casos, a nota bibliográfica deve ser no original. Não há necessidade de informar que tradução foi feita pelo pesquisador, algo que fica subentendido.

Transcrições. Se se tratar de transcrição de depoimentos, discursos e entrevistas, edite o material para que fique legível. As falas são, geralmente, muito entrecortadas. É preciso colocá-las numa ordem lógica, com a adequação da concordância e dos tempos verbais. Só mantenha a coloquialidade se for essencial à compreensão do depoimento. A pontuação deve seguir as regras da gramática e não as da respiração. Conquanto o assunto seja passível de discussão, no caso de depoimentos colhidos junto às classes populares, pode ser preconceituoso manter a fonética. Ninguém faz isso quando transcreve falas de pessoas eruditas, embora a fonética também seja distinta da grafia.

Posição das aspas e do número remissivo sobrescrito. As aspas devem aparecer antes ou depois da pontuação? A mesma pergunta se faz quanto ao número remissivo que indica a respectiva nota de rodapé. O normativo é colocar as aspas antes da pontuação, se o texto citado não a contém, e depois, se ocorre o contrário. Tal preciosismo, no entanto, cria dificuldades desnecessárias. Um padrão é colocar as aspas sempre antes da pontuação, exceto nos casos dos pontos de interrogação e exclamação que façam parte do texto citado.

>Exemplo: Não há dúvida que "dizer de um objeto que ele é heterogêneo é, via de regra, desvalorizá-lo".

Quanto ao número remissivo, embora seja o mais normativo colocá-lo antes da pontuação, trata-se de outro preciosismo. É melhor pospô-lo, seja no meio de uma frase,

>Exemplo: Em seu genial *A palavra e as coisas*,[18] Foucault demonstra...

ou no seu final

>Exemplo: Não há dúvida que "dizer de um objeto que ele é heterogêneo é, via de regra, desvalorizá-lo".[5]

ORTOGRAFIA ARCAICA. Na citação de documentos históricos, aparece a necessidade de se decidir o que fazer com os termos grafados segundo regras gramaticais antigas (como epocha, paiz, etc.). A menos que a manutenção da forma antiga seja indispensável ao entendimento do texto utilizado, deve-se atualizar a ortografia. Seja qual for, no entanto, a sua decisão, o importante é manter-se coerente.

2. Citação indireta

Na citação indireta, o conteúdo do original utilizado é reescrito, conforme o seguinte exemplo: "Rubem Alves entende que a passagem da pessoa para a função se dá quando o educador se torna apenas professor (2003, p. 19)". O cuidado no crédito à fonte deve ser o mesmo em relação à citação direta.

3. Citação dependente

Na citação dependente (citação de uma citação), o autor citado não foi lido diretamente, mas tomado (transcrevendo-se ou reescrevendo-se) por empréstimo de outro autor. Não abuse desse recurso. Se a obra citada merece mesmo ser citada, vá a ela diretamente, sem intermediação. O crédito deve ser dado às duas fontes.

O uso de notas

Use notas para as informações adicionais. Há dois tipos de notas (chamadas de notas de rodapé, notas bibliográficas ou notas explicativas) ao texto principal.

Quando o sistema de documentação é numérico, aparecem nas notas tanto (1) os elementos para a identificação das fontes (autor, título, local, editora, ano e página utilizada) quanto (2) as informações que visam acrescentar algo ao texto, mas sem truncá-lo e alongá-lo em demasia.

Quando o sistema de documentação é alfabético, aparecem nas notas apenas as informações adicionais, que podem ser comentários secundários ao autor citado, notícias sobre autores e livros, sugestões bibliográficas adicionais, definições conceituais, explicações diversas e destaques especiais.

Em qualquer dos casos, use as notas de rodapé para definições e informações que, por sucessivas, acabam truncando por demais o texto. O recurso deixa o texto de leitura mais corrente, facultando ao leitor o complemento.

A nota deve figurar no rodapé da página. Se não for possível, por alguma razão técnica plausível (se é que exista alguma), ela pode aparecer no final do texto completo. Evite colocá-las ao término de cada capítulo ou parte, pela dificuldade de localização. Portanto, não faça longas digressões, seja para definir um conceito, seja para oferecer uma informação não essencial.

A escolha das palavras

Pese cada palavra antes de escolhê-la. Lembre-se que toda palavra tem um peso que varia segundo sua expressividade e "de acordo com sua capacidade de sintetizar uma informação",[26] que deve ser precisa, concisa e clara. Há uma especificidade nos textos científicos, que, no entanto, mantêm características gerais para serem compreendidos. Alguns aspectos específicos serão aqui considerados.

Vocabulário técnico. Os termos utilizados devem ser precisos. Para tanto, constitui-se o que se convencionou chamar de vocabulário técnico: não tenha receio de empregá-lo. Os termos técnicos, por sua aceitação universal, evitam o rodeio de palavras. O problema, portanto, não é a tecnicidade (uso de vocabulário específico de uma área do conhecimento), mas a tecnicismo (o abuso deste vocabulário desnecessariamente, apenas para demonstrar erudição). Portanto, use esses termos quando forem necessários e familiares à audiência. Se forem palavras e expressões brasileiras, não será preciso colocá-los entre aspas.

Jargões. Não confunda termo técnico com jargão, aqui entendido como a linguagem de um determinado grupo. O jargão acaba se tornando uma espécie de dialeto inteligível só para os iniciados. Trata-se de uma linguagem burocrática que não necessariamente demanda o uso de termos especializados. O jargão, pela sua capacidade de nada dizer, deve ser evitado.

Eufemismos. A linguagem acadêmica não admite eufemismos. Evite-os. As pessoas não "passam desta para melhor", elas "morrem" mesmo.

Gírias. Só devem ser empregadas se forem transcrição de depoimentos.

Neologismos. Resista à tentação de criá-los. Não se deixe seduzir pelo fato de que uma boa palavra para o termo já exista em língua estrangeira, especialmente o inglês. Veja primeiro se a língua portuguesa

---

[26] DAY, Robert, GASTEL. Barbara, *op. cit.*, p. 169.

já não tem o termo de que você precisa. Percorra primeiro o dicionário. Se, de fato, for necessária sua construção, seja parcimonioso. Consulte bons autores. Se for o caso, justifique a criação numa nota de rodapé.

Grafias especiais

A seguir, para o apoio na produção de um texto melhor, oferecem-se algumas regras específicas consagradas pelo uso, para alguns tipos de palavras e expressões.

ABREVIATURAS E SIGLAS. Não se abreviam palavras no texto, exceto títulos de tratamento, pesos, medidas e siglas de instituições e partidos.

- Abreviaturas. No caso de títulos de tratamento, devem ser escritos preferentemente de forma abreviada e sem qualquer destaque tipográfico.

    Exemplos: Prof., Profa., Sr., Sra., Dr., Dra., Cel., Excia., etc.

Pesos, medidas, dias e horas também devem ser abreviados com espaço entre o valor e a unidade de medida, mas sem pontuação interna e sem plural.

    Exemplos: 1 km, 4 km; 1 m, 30 m; 1 kg, 55 kg; 1 l, 33 l; 5ª feira; 7 h, 16h 15 min 13 s.

- Siglas. Para a primeira ocorrência, o nome da instituição deve vir por extenso, seguido de sigla entre parênteses.

    Exemplo: Universidade Metodista de Piracicaba (Unimep).

Quando o nome da sigla for mais conhecido, faz-se o procedimento inverso.

    Exemplo: Capes (Coordenação de Aperfeiçoamento de Pessoal de Nível Superior).

Em alguns casos, nem isso é necessário, quando as siglas alcançam o status de marcas.

Exemplo: Varig, Petrobras;

ou representam partidos políticos.

Exemplo: PT, PMDB, PSDB.

As siglas com mais de três letras devem ser grafados em letras minúsculas.

Exemplos: Unimep, Bradesco, Capes, USP, IBM, MEC.

Exceto quando cada letra for pronunciada à parte;

Exemplos: CNPq, BNDES.

Quando houver uma profusão de siglas, é recomendável no início do texto apresentar uma lista delas (também neologisticamente chamada de siglário), a exemplo do que se faz com tabelas e gráficos.

Numerais. A regra básica é grafá-los por extenso até dez e com algarismos a partir de 11, tanto para os cardinais quanto para os ordinais. No caso dos cardinais, as exceções à regra são "cem", "mil", "milhão" e "bilhão", pela simples razão que facilita a leitura. Se no parágrafo, há números abaixo e acima de 11, é preferível escrevê-los com algarismos. A partir de mil, use ponto para os milhares, exceto na indicação de anos. No caso de datas, não é necessário empregar "0" à esquerda para dias e meses. Números fracionários devem vir por extenso.

Use algarismo romanos apenas para títulos de reis e papas (ex.: Luís XV) e nomes oficiais (ex.: I Exército, XV de Novembro). Nos demais casos, fique com os arábicos (ex.: 1ª. Guerra Mundial, 14º Congresso de Filologia). Para a menção a século, por exemplo, prefira algarismos arábicos (ex.: século 1º, século 12).

Não se deve começar período com numerais. Se isto for necessário, o número deve vir por extenso. O melhor é inverter a ordem da frase. Não se deve colocar entre parênteses o número por extenso. Deve-se tomar muito cuidado com a concordância.

PALAVRAS EM OUTROS IDIOMAS. Em geral, as palavras estrangeiras devem ser grafadas em itálico. Aquelas palavras de uso muito frequente, como marketing, software, shopping center, slide, para as quais não há correspondência em português, devem ser grafadas em itálico. No entanto, você pode grafá-las sem qualquer destaque, desde que o faça com consciência e de modo padronizado ao longo do texto. Quando houver correspondência, não hesite em empregá-las. Assim, prefira balé (e não ballet), encontro (e não meeting), padrão (e não standard) e desempenho (e não performance).

No caso de nomes científicos em latim, a convenção é grafá-los em itálico, com a primeira palavra começando com letra maiúscula (ex.: *Homo sapiens*). Quanto a outras expressões em latim, use itálico (ex.: *status quo*).

Cuidado com aquelas palavras latinas que têm a mesma pronúncia em português mas são grafadas diferentemente e devem aparecer em itálico (ex.: *campus, campi, strito sensu, lato sensu*).

PALAVRAS COM HÍFEN. As regras para a grafia de palavras compostas (com uso de hífen ou não) são bastante claras, embora seu domínio não seja muito comum. Preste atenção. Use as regras do Novo Acordo Ortográfico da Língua Portuguesa, que trouxeram algumas alterações.

NOMES DE OBRAS E AUTORES. Os títulos das obras citadas, quando aparecem no texto, devem vir entre aspas ou em itálico, em letras normais. Escolha um desses cuidados e o mantenha ao longo do trabalho. Os nomes dos autores devem aparecer sem qualquer destaque. Algumas normas exigem-nos em letras maiúsculas; neste caso, siga-as, embora enfeiem o texto.

Expressões latinas

Na documentação, há um conjunto de expressões que podem aparecer em latim ou em português. O importante é fazer uma escolha e nela se manter. Na preferência por expressões latinas, vão aqui as correspondências:

Em latim	Em português	Em português
ad tempora *apud* *ed. cit.*	citado de memória citado por ed. cit.	citação feita de memória citação de segunda mão
et al / et alii *in*	e outros em	obras com vários autores
loc. cit.	local citado	capítulos em obras coletivas obra citada na mesma página anterior
op. cit.	ob. cit.	obra citada mais de uma vez
passim	por aí	citação não localizada

Outros cuidados

- Evite abusar de destaques (negritos, itálicos, sublinhados, maiúsculas). Escreva de tal modo que a ênfase decorra da impressão que o texto provoca no leitor.

- Evite apelar para generalizações (do tipo "a maioria acha", "todos sabem"). Seja preciso nas suas informações.

- Evite recorrer, mesmo que involuntariamente, a modismos linguísticos, como "em nível de", "colocação", "Gadotti vai dizer que...", etc. Essas expressões do jargão universitário são vagas e imprecisas.

- Evite as redundâncias, como "os alunos são a razão de ser da Escola Prof. Pegado". Em alguma escola, os alunos não são a sua razão de ser? Cada frase deve ser produto de uma reflexão.

- Evite repetir conceitos ao longo do texto e palavras na frase (basta uma vez). Use sinônimos.

- Evite perder-se em pormenores, detalhando superfluamente, e tratar de assuntos alheios ao problema em consideração, o que redunda em superficialidade e prolixidade.

- Evite as frases feitas.

- Evite empregar palavras rebuscadas, sejam neologismos, sejam vocábulos dicionarizados, que pareçam demonstrar erudição. Por ex.: conformemente, objetivar, obstaculizar, oportunizar, etc.

- Evite expressões que datam o texto, como "recentemente", "corrente ano", "neste mês". Não deixe que seu texto envelheça logo. Considere que o seu texto terá uma vida longa.

Cuidado com essas palavras e expressões

Segue, agora, uma lista de palavras e expressões que são objeto de dúvidas, cuja consulta pode ser útil.

Expressão	Cuidado	Sugestão
a maior parte [...] surgiram	concorde com o coletivo	a maior parte [...] surgiu
na década passada a maioria [...] afirmam	concordância condenável	a maioria [...] afirma
à medida que	não é "à medida em que"	
a nível de	"a nível de" simplesmente não existe apesar do seu uso geral, por influência do espanhol	em nível de (ou: no plano de; em termos de)
a ponto de o/a	não é "a ponto do/da" e nem "ao ponto de"	
ao invés de	quer dizer "ao contrário de" e não "em lugar de"	

apesar de/apesar do	a contração dificulta a identificação do sujeito	apesar de o autor achar que
assim como, bem como	o verbo deve concordar com o primeiro sujeito	o professor, bem como o aluno, sabe da verdade
até porque o autor	"até" é desnecessário	porque o autor
bimestral/bimensal	"bimensal" é duas vezes por mês; bimestral é de dois em dois meses	
cerca de	concorde com o numeral	cerca de 200 pessoas compareceram
citar	deve ser usado apenas para referências a citações	mencionar
colocação	evite a frase feita "o autor faz a seguinte colocação"	o autor observa que
com exceção de	prefira a concisão	exceto
dar conta de	frase feita – evite	
de encontro a	quer dizer ir contra (não confunda com: "ao encontro de")	
de vez que	"de vez" quer dizer "de maneira decisiva" ou se aplica a um estado das frutas próximas do amadurecimento	uma vez que (ou: vez que)
deixar claro	concorda com o objeto	deixar claras as coisas
denegrir	palavra politicamente inaceitável por ser preconceituosa conta os negros	
dentro	é um adjunto adverbial de lugar – evite frases como "dentro do processo de marketing empresarial"	"como parte de um processo de marketing empresarial"
durante o tempo em que	prefira a concisão	enquanto
elo de ligação	redundância — todo "elo" é de ligação	elo

embasamento/embasar	brasileirismo nada eufônico	fundamentação/fundamentar
enquanto	é adjunto adverbial de tempo (evite frases como "enquanto pesquisador, penso que")	na condição de pesquisador (como pesquisador) penso que
erário público	todo erário é público	erário
"excessão"	erro crasso	exceção
face a	locução inexistente	em face de
faz anos	o verbo é impessoal (não se escreve "fazem anos que")	
fórum/fóruns	exige acento	
frente a	locução inexistente	em frente de, diante de
garantir	modismo linguístico	use sinônimos
grande número	concordância no singular	
grosso modo	e não "a grosso modo"	
há anos atrás	se aconteceu "há anos", só pode ser "atrás"	há anos
haja vista	é sempre "haja vista", independentemente do que vem depois	
item	não tem acento	
judiar	palavra politicamente inaceitável por ser preconceituosa contra os judeus	
lato sensu	não é "latu sensu"	
matéria-prima	palavra composta, exige hífen	
mesmo/mesma"	o mesmo" no fim da frase é um galicismo (prefira "ele" / "ela")	
na medida em que	não é "na medida que"	
obra-prima	palavra composta, exige hífen	

onde	use só para lugar; não escreva no sentido de "em que", "na qual"	
ou seja	não deve começar uma frase; prefira "em outras palavras"	
paralelo a isto	evite	paralelamente a isto
por sob	locução inexistente	sob
praticar preço	modismo; evite	cobrar
quorum	sem acento, por ser palavra latina	
resgate histórico	lugar comum; evite	
sendo que	evite	
somente um leigo afirmaria	lugar comum e "argumentum ad populum"	
stricto sensu	não é "strictu"	
sucinto	não é "suscinto"	
sumariar	significa fazer um resumo (não é sumarizar)	
tachar/taxar	apesar da discussão filológica, use tachar para avaliação / julgamento e taxar para fixação de preço ou imposto	
tanto quanto/tanto como	prefira o verbo no plural	tanto o professor quanto o aluno optaram por
todo um processo	evite	um processo
um grupo de [...] entrevistaram	concordância no singular	um grupo de [...] entrevistou
uma grande quantidade	prefira a concisão	muitos
via de regra	lugar comum	geralmente
viger	não é vigir	

Capítulo 9

*Pesquisar consiste em ver o que muitos já viram
e pensar o que ninguém pensou.*

– Albert Szent-Gyorgy

Prazer de pesquisar?

O título deste livro tem suscitado perguntas (vamos dizer) irônicas: onde está o prazer da produção científica? Parte do problema é que, em muitas circunstâncias, a pesquisa se dá num contexto compulsório, em que o autor precisa apresentar um trabalho acadêmico para se qualificar, seja uma monografia de conclusão de um curso de graduação ou de especialização, seja uma dissertação ou tese. O problema, portanto, não está na aridez da pesquisa, mas no ambiente em que acontece. Para aqueles que desenvolvem pesquisas como parte de sua vocação, pesquisa é prazer, incluído o método.

Para aqueles que desenvolvem suas pesquisas como atividades obrigatórias, à margem de sua vocação, dificilmente haverá prazer na tarefa.

Dificilmente, não impossivelmente. Para quem a pesquisa é uma vocação, é só seguir em frente. Para quem a pesquisa é uma obrigação, eis aqui algumas sugestões para que o prazer aconteça.

1. Acredite na ciência. Considere seu trabalho científico como uma contribuição à própria ciência e, se você o fizer bem feito, ele o será. Seu texto, resultado da pesquisa, não é uma mera atividade

exigida nos rituais acadêmicos de passagem. É uma forma de compreender o mundo e mesmo de transformar o mundo.

2. Busque um tema apaixonante. Há muitos temas que merecem pesquisa. Escolha bem o seu. Não escolha o (aparentemente) mais fácil. Escolha aquele que deixe você entusiasmado. Imagine um artigo científico (ou mesmo um livro) que poderá escrever. Imagine seu texto publicado. Imagine seus resultados influenciando a vida de pessoas.

3. Goste de ler. Se você gosta de ler, leia, leia muito. Se você não gosta, aprenda a gostar. Vale a pena ler. Vale a pena ser lido. A leitura é uma janela para o mundo. Considere as seguintes frases:

- Quanto mais você lê, mais você aprende. Quanto mais você aprende, a mais lugares você vai. (Dr. Seuss)

- Uma vez que você aprender a ler, você será livre para sempre. (Frederick Douglass)

- Hoje um leitor, amanhã um líder. (Margaret Fuller)

- Uma casa sem livro é um corpo sem alma. (Cícero)

- Todo homem que sabe ler tem a capacidade de aperfeiçoar-se, multiplicar os caminhos de sua existência e fazer sua vida plena, significativa e interessante. (Aldous Huxley)

- Aprender a ler é acender uma fogueira; cada sílaba soletrada é uma faísca. (Victor Hugo)

- O maior dom é a paixão pela leitura. (Elizabeth Hardwick)

- As coisas que quero aprender estão nos livros; meu melhor amigo será aquele que me der um livro que eu queira ler. (Abraham Lincoln)

- As ideias que transformam a vida sempre me vêm através dos livros. (Bell Hooks)

- Você é hoje o mesmo que foi nos últimos cinco anos, exceto pelas pessoas que encontrou e pelos livros que leu. (Charlie Jones)

4. Planeje antes de começar. Na verdade, só comece depois de planejar. Na pesquisa há intuição, mas não há improviso.

    - Se você planejar, terminará primeiro o que começou.

    - Se você planejar, fará melhor o que precisa fazer.

    - Se você planejar, fará com prazer a sua tarefa, porque o seu (escasso) tempo e os seus (limitados) recursos serão mais bem utilizados.

5. Comece agora. Não deixe para o último dia. Não deixe para a última semana. Não deixe para o último mês. Não dá para fazer um trabalho decente na última hora. Deixar para a última hora é sofrer. Comece hoje, escrevendo seu projeto. Se já o fez, comece a pesquisar hoje. Se já coletou os dados, comece hoje a sua interpretação. Se está na hora de escrever, sente-se agora.

Capítulo 10

Sem palavras, sem escrita e sem livros não haveria história e não haveria o conceito de humanidade.

– *Hermann Hesse*

Para escrever um livro
(Da ideia ao texto)

Se está certo o adágio árabe de que toda a pessoa precisa gerar um filho, plantar uma árvore e escrever um livro para se realizar, então você deseja escrever um livro. Se este é o seu desejo, ofereço-lhe um caminho.

Escrever uma crônica e escrever um livro são uma mesma coisa.

Escrever um artigo e escrever um livro são uma mesma coisa.

A diferença está no tamanho e no esforço empreendido.

O processo é o mesmo.

Tudo nasce com a ideia.

A ideia vem de uma necessidade (no caso de um trabalho estritamente acadêmico).

A ideia vem de uma leitura (com a sensação de que podemos escrever também).

A ideia vem de uma experiência (com o desejo de comunicar algo que percebeu e que acha que vai trazer uma contribuição para a vida dos leitores).

Muitos textos ficam na etapa da ideia. Nem sequer viram projetos. O propósito aqui é ajudar aqueles que querem escrever, não importa o gênero, não importa o tamanho, não importa o objetivo (seja didático, científico ou hedonista).

As razões da escrita

Comecemos por afirmar que escrever é uma atividade essencial. A palavra surgiu oral (falada), mas depois foi registrada (escrita) para ser perenizada. Desde o início da escrita, os seus formatos (tabuleta de argila, papiro, pergaminho, papel, tabuleta eletrônica) têm variado e ainda deverão variar. Assim, o que existe é o texto, não importa onde esteja armazenado. O que existe é o leitor. O que existe é o autor. Onde eles leem ou escrevem é uma questão de tecnologia.

Tomemos o caso da Bíblia Sagrada. Ela nasceu oral, mas se tornou Bíblia porque foi escrita. A palavra permanecerá.

A palavra permanecerá, seja no papel ou em algum suporte digital. A palavra permanecerá porque o ser humano precisa se comunicar. A falta de comunicação é uma impossibilidade absoluta (mesmo um texto desconexo é informação, embora ruim). Diante da realidade da informação excessiva, bem articulado, o texto há que ser sempre um convite à imaginação, à reflexão e à ação. O texto perpetua o autor, que perpetua a cultura.

Todo autor precisa saber que a obra é menor que o sonho, como na advertência do contista curitibano Dalton Trevisan:

> Só a obra interessa. O autor não vale o personagem. O conto é sempre melhor que o contista. Vampiro sim, de almas. Espião de corações solitários, escorpião de bote armado. Eis o contista. Só invente o vampiro que exista. Com sorte, você adivinha o que não sabe. Para escrever

o menor dos contos, a vida inteira é curta. Uma história nunca termina. Ela continua depois de você. Um escritor nunca se realiza. A obra é sempre inferior aos sonhos. Fazendo as contas percebe que negou o sonho, traiu a obra, cambiou a vida por nada. O melhor conto só se escreve com tua mão torta, teu olho vesgo, teu coração danado. Todas as histórias — a mesma história, uma nova história. O conto não tem mais fim que novo começo. Quem lhe dera o estilo do suicida em seu último bilhete.

Eu não sou assunto, o autor nunca é assunto. Notícia é sua obra, ela pode ser discutida, interpretada, contestada. Não tenho nada a dizer fora dos meus livros. O autor não vale o personagem. O conto é sempre melhor do que o contista.[1]

Escrever é consequência da observação cuidadosa e do trabalho persistente.

Escrever

Escrever é uma forma de pensar. Quando colocamos nossas ideias no suporte (papel ou tela de computador), elas passam a ter vida. É como um feto, que só tem nome quando vem à luz. Sem a escrita, o texto é uma faísca, apenas uma faísca.

Escrever é uma forma de organizar o pensamento. Quando nós falamos, nós falamos. A fala segue o fluxo das ideias, claras ou confusas. Quando escrevemos, o que é confuso fica claro e o que é claro fica organizado.

Escrever é uma forma de conviver. O texto é uma extensão do autor. Pelo texto, ele chega à mente de outra pessoa. Pelo texto, o leitor conhece o coração do seu autor. Escrever é dialogar. Ler é dialogar. Como escreveu Jorge Luis Borges, "o livro é a extensão da memória e

---

[1] Entrevista, rara, concedida ao "Suplemento Literário" do jornal O Estado de S. Paulo, de 27.8.1972. Disponível em http://revistabrasileiros.com.br/edicoes/29/textos/799/. Acesso em 08 ago 2011.

da imaginação". Afinal, como convida André Maurois, "o livro fala e a alma responde".

Escrever é uma forma de viver. O que é a vida, senão o que aprendemos nos livros? Viver é também interpretar os nossos atos, e quem melhor nos ensina a hermenêutica da existência quotidiana? Flaubert recomendava: "Leia para viver".

Escrever é tornar melhor o mundo. Plínio, o Velho, deixou esta máxima: "A verdadeira glória consiste em fazer o que merece ser escrito, em escrever o que merece ser lido e, assim, em viver para tornar o mundo melhor para nós que nele vivemos".

Escrever é uma forma de proclamar uma verdade, visando a adesão à causa proposta, seja ela artística ou ideológica. Escrever é uma forma de reunir pessoas em torno de uma ideia visando a coesão de um grupo ou de um povo. Escrever é uma forma de instruir, informando e provocando, para que a razão se desenvolva.

Cada texto pede um gênero (isto é, uma forma). Na verdade, há textos que incorporam mais de um gênero, como são os casos do teatro (onde há prosa e poesia), da música (onde há também poesia, com forte acento oral) e da crônica (onde cabe poesia, embora em formato de prosa).

Escrever poesia

A poesia é um gênero único.

A poesia é o gênero mais difícil.

A poesia é o gênero mais completo.

Devia ser proibido aos jovens escrever poesia, mas é na juventude que nascem os poetas. A complexidade do gênero pode ser lida nos poetas a seguir:[2]

---

[2] A fonte para estes pensamentos é o site <www.citador.pt>, onde estão as referências para cada um. Acesso em: 08 ago. 2011.

– Senhor, o que é a poesia?

– Bem, senhor, é muito mais fácil dizer o que não é. Todos nós sabemos o que é a luz, mas não é fácil dizer o que é. (Samuel Johnson)

- Prosa: palavras na sua melhor ordem; poesia: as melhores palavras na melhor ordem. (Samuel Coleridge)
- Um dos méritos da poesia, que muita gente não percebe, é que ela diz mais que a prosa e em menos palavras que a prosa. (Voltaire)
- A poesia não comporta gralhas como a prosa, que às vezes até fica melhor... É coisa tão delicada que só vive de ritmo e de harmonia. Quase dispensa as ideias. Quem lhe tocar, assassina-a sem piedade. (Florbela Espanca)
- O poema não é feito dessas letras que eu espeto como pregos, mas do branco que fica no papel. (Paul Claudel)
- A ciência desenha a onda; a poesia enche-a de água. (Teixeira de Pascoaes)
- A criação poética é um mistério indecifrável, como o mistério do nascimento do homem. Ouvem-se vozes, não se sabe de onde, e é inútil preocuparmo-nos em saber de onde vêm. (Federico Garcia Lorca)
- A poesia é a fundação do ser pela palavra. (Martin Heidegger)

Poesia, portanto, é o gênero mais completo e complexo. Antes de entrar por ela, é preciso ler muita poesia. Demanda uma vocação. Demanda uma percepção filosófica do mundo. Demanda um domínio das palavras, porque poesia é, sobretudo, forma. Antes de escrever, leia.

Eis alguns poetas brasileiros que devem fazer parte da estante de todo poeta. Por que não se recomendam aqui os gigantes como William Shakespeare, John Milton, T. S. Elliot, Jorge Luís Borges e Pablo Neruda. Recomendam-se. No entanto, a tradução é, de certo modo, um outro texto.

Então, além dos portugueses, Fernando Pessoa em destaque, eis alguns brasileiros que foram mestres do gênero:[3]

1. Gonçalves Dias (1823-1864);

2. Castro Alves (1847-1871);

3. Manuel Bandeira (1886-1968);

4. Carlos Drummond de Andrade (1902-1987);

5. Cecília Meireles (1901-1964);

6. Murilo Mendes (1901-1975);

7. Jorge de Lima (1893-1953);

8. Vinicius de Moraes (1913-1980);

9. João Cabral de Melo Neto (1920-1999);

10. Adélia Prado (1935).

Escrever prosa

Um texto em prosa comporta dois grandes (imensos, na verdade) departamentos. Um é o da ficção. Outro é o da (à falta de melhor palavra) não ficção. Um texto ficcional pode ser um conto, uma novela ou um romance. Cada um deles conta uma história (ou estória, como diriam Guimarães Rosa e Rubem Alves).

O conto. Geralmente, o conto é o menor (em termos de extensão) dos textos ficcionais, sendo o romance o maior, mas este critério é fluido, porque os tamanhos podem variar e podem existir (embora excepcionalmente) "novelas maiores que romances e contos maiores que novelas".

---

[3] Uma introdução a alguns desses poetas, com seus textos, pode ser encontrada em <www.sobresites.com/poesia/consagrados1.htm>. Acesso em: 08 ago. 2011.

É famosa a blague de Mário de Andrade: "Conto é tudo o que o autor diz que é conto".[4] Raimundo Magalhães Júnior, no entanto, define-o como sendo "uma narrativa linear, que não se aprofunda no estudo da psicologia dos personagens nem nas motivações de suas ações".[5]

Airo Zamoner, partindo das categorias de Vicente Ataíde, sugere que o conto tem apenas um drama, um único conflito. Em síntese, "um conto é um relâmpago na vida dos personagens. Não importa muito seu passado, nem seu futuro, pois isso é irrelevante para o contexto do drama objeto do conto. O espaço da ação é restrito. A ação não muda de lugar e quando eventualmente muda, perde dramaticidade. O objetivo do conto é proporcionar uma impressão única no leitor".[6]

Quem pretende escrever um conto deve ler muitos contos, centenas deles, antes de conceber, para depois escrever, o seu. Entre os maiores contistas brasileiros, está Machado de Assis, especialmente em "A causa secreta", "Missa do Galo" e "Uns Braços". Escrevendo em português, há gigantes que precisam ser encabeceirados (colocados na mesinha de cabeceira, para leituras e releituras). Vejamos alguns:

- Dalton Trevisan (1925) é o mestre do conto curto, chamado pela crítica de minimalista. "Ah, é" é considerada por muitos como sua obra prima.

- Rubem Fonseca (1925) escreve também romances. Entre os seus contos mais famosos estão: "Lúcia McCartney" (1967) e "Feliz Ano Novo" (1975).

- Fernando Sabino (1923-2004), mestre da crônica, deixou entre seus livros de contos O homem nu (1960).[7]

---

[4] Citado por MAGALHÃES Júnior, Raimundo. *A arte do conto*. Rio de Janeiro: Bloch, 1972, p. 12.

[5] MAGALHÃES Júnior, Raimundo, *op. cit.*, p. 10.

[6] ZAMONER, Airo. *Crônica, Conto, romance, novela... O que é isso, afinal?* Disponível em <http://www.usinadeletras.com.br/exibelotexto.php?cod=11195&cat=Artigos>. Acesso em 08 ago. 2011.

[7] Há um blog sobre ele que pode ser lido com prazer: <http://afaltaqueelefaz>. Uma biografia dele está disponível em <http://www.releituras.com/fsabino_comonasce.asp>.

- Osman Lins (1924-1978), que escreveu peças para o teatro, novelas, romances e ensaios, deixou as seguintes coletâneas de contos: Os gestos (1957) e Nove, novena, narrativas (1966). Vale a pena ler o seu livro de ensaios: Guerra sem testemunhas. O escritor, sua condição e a realidade social, ensaio (1969).[8]

- Murilo Rubião (1916-1991) deixou sobretudo contos, o mais famoso sendo "O pirotécnico Zacarias" (1974). Devem ser lidos também: "O ex-mágico" (1947), "A estrela vermelha" (1953), "O convidado" (1974) e a coletânea O homem do boné cinzento e outras histórias (1990).

- Carlos Drummond de Andrade (1902-1987), além de poeta, foi cronista e também contista. Ao seu magistral Contos de aprendiz (1951), seguiram-se, entre outros, Contos plausíveis (1981) e 70 historinhas (1978).

Os mestres da literatura mundial precisam estar na estante de todo contista, como Edgar Allan Poe, Rudyard Kipling e Anton Tchecov. Entre os maiores da América Espanhola, devem ser lidos autores como Júlio Cortázar (1914-1984), argentino que escreveu romances, sendo seus contos mais conhecidos "Final de Juego" (1956) e "Las Armas Secretas" (1959). Um de seus contos foi adaptado para o cinema por Michelangelo Antonioni (Blow Up, 1966).

Possivelmente dos que escreveram em espanhol o ponto mais alto foi alcançado por Borges. Jorge Luis Borges (1899-1986), argentino considerado um clássico da literatura mundial, escreveu ficção, crônica e poesia. Entre seus contos, um dos mais respeitados é "El aleph".[9]

No conto (com valores que se aplicam a outros gêneros), o bem-humorado "Decálogo do perfeito contista", do escritor uruguaio Horacio Quiroga (1878-1937), traz pontos valiosos para a reflexão do escritor:

---

[8] Há um belo site sobre sua vida e obra, que merece ser consultado: <http://www.osman.lins.nom.br>.

[9] Todos podem ser lidos gratuitamente em <http://www.ciudadseva.com/textos/cuentos/esp/borges/jlb.htm>.)

I. Crê em um mestre — Poe, Maupassant, Kipling, Tchecov — como em Deus.

II. Crê que tua arte é um cume inacessível. Não sonhes alcançá-la. Quando puderes fazê-lo, conseguirás sem ao menos perceber.

III. Resiste o quando puderes à imitação, mas imite se a demanda for demasiado forte. Mais que nenhuma outra coisa, o desenvolvimento da personalidade requer muita paciência.

IV. Tenham fé cega não em tua capacidade para o triunfo, mas no ardor com que o desejas. Ama tua arte como à tua namorada, de todo o coração.

V. Não comeces a escrever sem saber desde a primeira linha aonde queres chegar. Em um conto bem feito, as três primeiras linhas têm quase a mesma importância das três últimas.

VI. Se quiseres expressar com exatidão esta circunstância: "Desde o rio soprava o vento frio", não há na língua humana mais palavras que as apontadas para expressá-la. Uma vez dono de tuas palavras, não te preocupes em observar se apresentam consonância ou dissonância entre si.

VII. Não adjetives sem necessidade. Inúteis serão quantos apêndices coloridos aderires a um substantivo fraco. Se encontrares o perfeito, somente ele terá uma cor incomparável. Mas é preciso encontrá-lo.

VIII. Pega teus personagens pela mão e conduze-os firmemente até o fim, sem ver nada além do caminho que traçastes para eles. Não te distraias vendo o que a eles não importa ver. Não abuses do leitor. Um conto é um romance do qual se retirou as aparas. Tem isso como uma verdade absoluta, ainda que não o seja.

IX. Não escrevas sob domínio da emoção. Deixa-a morrer e evoca-a em seguida. Se fores então capaz de revivê-la tal qual a sentiste, terás alcançado na arte a metade do caminho.

X. Não penses em teus amigos ao escrever, nem na impressão que causará tua história. Escreve como se teu relato não interessasse a mais ninguém senão ao pequeno mundo de teus personagens, dos quais poderias ter sido um. Não há outro modo de dar vida ao conto.[10]

A novela. Definir o que é uma novela é muito difícil, sobretudo porque, na literatura brasileira, o gênero não é assumido, talvez precisamente por sua indefinição. Por uma perspectiva quantitativa, a novela (que não deve ser confundida com a telenovela) é uma história maior que um conto e menor que um romance. Nem sempre a distinção cabe. É melhor pensar que a novela é uma história em que, diferentemente do conto, há mais de um núcleo narrativo, com mais personagens, ou diferentemente do romance, a duração do drama é menor. O famoso *O alienista*, de Machado de Assis, catalogado como conto, pode ser considerado uma novela.

As mais importantes novelas da literatura mundial incluem:

1. *O peregrino* (1678), do inglês John Bunyan;

2. *Cândido, ou O otimismo* (1759), do francês Voltaire;

3. *A morte de Ivan Ilitch* (1886), do russo Leo Tolstói;

4. *Tufão* (1903), do polonês Joseph Conrad;

5. *A metamorfose* (1915), do checo Franz Kafka;

6. *Ratos e homens* (1937), do norte-americano John Steinbeck;

7. *O velho e o mar* (1952), do norte-americano Ernest Hemingway;

8. *Adeus, Columbus* (1959), do norte-americano Philip Roth;

9. *Aura* (1962), do panamenho Carlos Fuentes;

10. *O exército de um homem só* (1973), do brasileiro Moacyr Scliar.

---

[10] Disponível em: <http://riesemberg.blogspot.com/2006/10/declogo-do-perfeito-contista.html>. Acesso em: 08 ago. 2011.

O romance. Como anotou Manuel da Costa Pinto, como gênero "o romance tem a capacidade de se renovar, formalmente e do ponto de vista da realidade, e de surpreender sempre. O romance é o gênero mais indefinível que existe, e por isso mesmo o mais instigante, aquele que apresenta mais possibilidades de variações e invenções".[11]

Então, o conto é indefinível, a novela é indefinível, o romance é indefinível, porque a literatura é indefinível. Apesar disso, pode-se dizer que o romance opera com um número ilimitado de personagens e pode ter várias narrativas que correm paralelamente.

Eis alguns dos maiores romances da história. Quem pretender escrever um romance deve primeiro se assentar para os ler e aprender com seus mestres-autores.

1. *Dom Quixote* (1600), de Miguel de Cervantes;

2. *As viagens de Gulliver* (1726), de Jonathan Swift;

3. *Os sofrimentos do jovem Werther* (1774), do alemão W. Goethe;

4. *Orgulho e preconceito* (1813), da inglesa Jane Austen;

5. *Ivanhoé* (1819), do escocês Walter Scott;

6. *O vermelho e o negro* (1830), do francês Stendhal;

7. *Os Miseráveis* (1862), do francês Victor Hugo;

8. *Guerra e paz* (1865), do russo Leon Tolstoi;

9. *Os irmãos Karamazov* (1879), do russo Fiodor Dostoiévski;

10. *Os Maias* (1888), de Eça de Queiroz;

11. *Dom Casmurro* (1899), do brasileiro Machado de Assis;

12. *Ulisses* (1922), do irlandês James Joyce;

---

[11] Entrevista disponível em <www.cultura.rj.gov.br/entrevistas/o-romance-e-o-genero-mais-instigante-que-existe>. Acesso em: 08 ago. 2011.

13. *Montanha Mágica* (1924), do alemão Thomas Mann;

14. *Vidas secas* (1938), do brasileiro Graciliano Ramos;

15. *O senhor dos anéis* (1939), do inglês J. R. R.Tolkien;

16. *1984* (1949), do inglês George Orwell;

17. *Memórias de Adriano* (1951), da francesa Marguerite Yourcenar;

18. *Lolita* (1955), do russo Vladimir Nabokov;

19. *Grande sertão: veredas* (1956), do brasileiro Guimarães Rosa;

20. *Cem anos de solidão* (1967), do colombiano Gabriel García Márquez;

Escrever não ficção

Além da poesia e da ficção, há um amplo espectro de gêneros e subgêneros literários que os objetivos pretendidos pelo autor determinam.

Crônica. Entre eles está a crônica, que muitos pensam ser gênero fácil, sem o ser. O Brasil tem sido prolífico neste gênero, desde a chegada dos primeiros cronistas ao Brasil, ao tempo ainda da colonização. Ele pode ser confundido com aquele texto intimista que, desde a adolescência, alguns produzem. No entanto, só merece o carimbo aquele texto onde o universal e o individual se encontram. Em outras palavras, uma crônica pode incluir uma situação pessoal, mas só entrará para o elenco da literatura se alcançar o leitor como se fosse algo de sua própria experiência. É nisso que consiste a universalidade da literatura, longe da banalidade.

O século 20 brasileiro deixou verdadeiros mestres da crônica, alguns dos quais chegaram vivos ao século 21:

1. Humberto de Campos (1886-1934);

2. Henrique Pongetti (1898-1979);

3. Carlos Drummond de Andrade (1902-1987);

4. Nelson Rodrigues (1912-1980);

5. Rubem Braga (1913-1990);

6. Paulo Mendes Campos (1922-1991);

7. Otto Lara Resende (1922-1992);

8. Fernando Sabino (1923-2004);

9. Carlos Heitor Cony (1926);

10. Rubem Alves (1933);

11. Carlinhos de Oliveira (1934-1986);

12. Luís Fernando Veríssimo (1936);

13. Marina Colasanti (1937);

14. Lya Luft (1938);

15. Ruy Castro (1948);

Todos eles trabalharam para jornais ou revistas, reunindo depois suas crônicas em livros.

Jornalismo. Os textos jornalísticos podem aparecer em periódicos impressos ou virtuais. Não é isso que define o seu subgênero, mas o seu objetivo. Um texto jornalístico comporta, além de crônicas (um gênero à parte), notícias (matérias curtas, com ou sem assinatura por seu autor), artigos (contendo análises assinadas) e reportagens (matérias mais longas, com um estudo do contexto e consequências da notícia factual).

> Cada um deles tem regras próprias. A notícia é um texto curto que procura oferecer ao leitor, na clássica tradição jornalística, respostas às seguintes perguntas: o que, quem, onde, como, por quê? (Em inglês: *what, when, where, how* e *why?*) Quem for escrever

uma notícia deve ter em mente essas perguntas. Outra regra é resumir toda a informação no primeiro parágrafo, chamado lead.

Assim, quem pretende escrever um texto para ser veiculado em uma revista, jornal ou site (blog) deve observar os seguintes cuidados no processo.

1. Determine o público por meio da escolha do veículo a ser usado.

2. Escolha a notícia a ser informada.

3. Determine a fonte (fontes) da informação (testemunha ocular, terceiros ou registros).

4. Fixe o objetivo da reportagem.

5. Defina o tamanho (em caracteres) da matéria, se já não o recebeu do editor que o demandou.

6. Pesquise muito. Pesquise em fontes impressas. Pesquisa na internet. (A pesquisa na internet exige mais cuidado e conferência, já que a natureza da rede é não ter filtro. Posta-se qualquer coisa, diferentemente de um livro em papel que passa por um processo editorial que envolve várias pessoas.)

7. Prepare a estrutura do texto:

    - se clássica (com lead), fique atento e diga tudo o que for possível no menor espaço possível;

    - se de interesse humano (human story), conte uma história que tire o fôlego do leitor.

8. Escreva o texto, fazendo com que as fontes falem. (Se obra de ficção, as "fontes" são as personagens.)

9. Revise o texto (atentando para questões de estilo e de gramática, e para o manual de redação do veículo que o publicará), reescrevendo-o parcial ou totalmente.

Ensaísmo. Na categoria podem ser colocados os textos com o objetivo de apresentar e defender uma ideia sobre um tema determinado. Os demais gêneros o fazem. Até a poesia tem ideologia. A diferença é que, nos gêneros propriamente literários (como a poesia e a ficção), a forma tem o predomínio. No ensaísmo importa o conteúdo, o que não quer dizer que não deva ser feito segundo os rigores da forma. O tamanho é variável, podendo um livro conter um ou mais ensaios.

Houve ensaístas no passado antigo, como Aristóteles e Plutarco, bem como em toda a Idade Média. No período moderno, o francês Montaigne (1533-1592) e o inglês Francis Bacon definiram o gênero propriamente dito, escrevendo livros com os títulos de "ensaios". Depois, publicaram ensaios pensadores como os ingleses John Locke (1632-1704) e Samuel Johnson (1709-1784) e os franceses Montesquieu (1689-1755) e Voltaire (1694-1778).

Mais recentemente, escreveram ensaios de destaque pensadores como os alemães Leopold von Ranke (1795-1886) e Jacob Burckhardt (1818-1897), o argelino Albert Camus (1913-1960), os espanhóis Miguel de Unamuno (1864-1936) e José Ortega y Gasset (1883-1955), os ingleses G. K. Chesterton (1874-1936), Aldous Huxley (1894-1963) e George Orwell (1903-1950), os irlandeses George Bernard Shaw (1856-1950) e C. S. Lewis (1898-1963) e o austríaco Stefan Zweig (1881-1942).

No Brasil, os mestres são:

1. Rui Barbosa (1849-1923), sobretudo com a sua introdução a *O papa e o concilio* (1877);

2. Silvio Romero (1851-1914), especialmente com sua *História da Literatura Brasileira* (1888);

3. Gilberto Freyre (1900-1987), seminalmente com o seu *Casa grande & senzala* (1933);

4. Sérgio Buarque de Hollanda (1902-1982), principalmente com suas *Raízes do Brasil* (1936);

5. Alceu Amoroso Lima, ou Tristão de Athayde, (1893-1983), presente por inteiro em *Meditação sobre o mundo moderno* (1942);

6. Darcy Ribeiro (1922-1997), também por seu *O processo civilizatório* (1968);

7. Paulo Freire (1921-1997), contundente em *Pedagogia do oprimido* (1970);

8. José Guilherme Merquior (1941-1991), exemplar em *Formalismo e tradição moderna* (1974);

9. Roberto da Matta (1936), particularmente por *Carnavais, malandros e heróis* (1979);

10. Leonardo Boff (1938), entre tantos por seu provocador *Igreja: carisma e poder: ensaios de uma eclesiologia militante* (1981).

Eis algumas tarefas prévias a serem executadas na preparação de um ensaio.

1. Determine o público a que se destina e o meio (veículo) em que será enviado.

2. Fixe o tema.

3. Planeje as etapas da produção do ensaio.

4. Revise (toda) a literatura sobre o assunto.

5. Proceda à pesquisa que o tema requer. Seja exaustivo em sua pesquisa.

6. Defina o escopo (incluindo o tamanho do ensaio, em caracteres).

7. Defina a hipótese central e as hipóteses corolárias. (Responda, numa linha: "o que pretendo dizer aos meus leitores?".)

8. Prepare o esboço (ou sumário) conforme o modelo adotado, seja IDC (Introdução, Desenvolvimento, Conclusão), seja IMRDC

(Introdução, Materiais e métodos, Desenvolvimento e Conclusão). Volte a ler os modelos expostos neste livro.

9. Escreva o texto (com títulos e entretítulos).

10. Revise o texto (atentando para as normas adotadas pelo periódico em que será publicado, se for o caso).

O processo da comunicação

> *Escrever é criar um contexto em que outras pessoas podem pensar.*
> Edwin Schlossberg

Não importa o gênero, o processo de escrever guarda semelhanças em qualquer formato. O autor deve levar em conta alguns princípios essenciais:

1. O texto é uma ponte de significação entre dois universos (o do leitor e o do autor). O autor não pode esquecer que quem atravessa a ponte é o leitor. Acredite que será lido e fruído. Apaixone-se pelo tema.

2. O autor constrói a ponte, para levar sua mensagem ao leitor. A qualidade da ponte determina a qualidade da travessia. Não se contente em dizer. Procure dizer bem. Se um leitor fizer perguntas, não responda; escreva o trecho de novo e o reapresente. Se um editor fizer sugestões de mudança, acate-as.

3. O autor é o responsável pela obra. Ele faz o projeto. Ele seleciona o material. Ele prepara a massa. Ele assenta os tijolos. Os ruídos na comunicação devem ser em grande parte postos na caderneta de débito do autor. Domine as palavras. Enriqueça seu vocabulário. Preocupe-se com a forma de dizer.

4. O texto é sempre dialógico, porque o autor faz parte do universo do leitor. Antes de ser autor, ele é leitor.

5. O autor, para realizar bem sua parte na tarefa, precisa conhecer o seu mundo, conhecer-se a si mesmo e conhecer o seu leitor.

6. No desenvolvimento do seu trabalho, o autor precisa do trabalho do editor, que, para dar bom cabo ao seu papel, também precisa conhecer seu mundo (ao qual faz o livro chegar), conhecer seu autor (com suas ideias e palavras dialoga para melhorar o texto) e conhecer o seu leitor (para o trazer para a aventura).

7. A motivação (mudar o mundo é a utopia necessária para o escritor) deve estar sempre diante do autor. Não pense que vai ganhar dinheiro ou ficar famoso com seu texto, porque raramente isto vai acontecer

Antes de começar a escrever

Eis alguns hábitos que devem conviver com a arte de escrever.

1. Leia. O britânico Jim White escreveu que o publicitário "é como uma vaca: se não pasta, não dá leite". O apotegma pode ser aplicado ao escritor (em qualquer gênero). Um bom autor sempre lê muito. Como anotou Stephen King, "se você não tem tempo para ler, você não tem tempo ou ferramenta para escrever". Você é o que você lê. Quem não lê não consegue escrever algo que valha a pena.

Então, se você pretende se tornar um escritor, eis o programa:

- leia;
- leia regularmente;
- leia ficção e poesia;
- supere-se.

2. Planeje. Planejar inclui delimitar o tema, escolher o gênero do texto. Planejar pressupõe definir o objetivo da pesquisa e do

seu respectivo relatório de pesquisa (ensaio, artigo, monografia, tese). Planejar implica criar o esboço do texto que será preparado. Planejar demanda especificar os recursos necessários e os recursos disponíveis para a produção do texto. Planejar impõe o estabelecimento de um cronograma de ação, o qual exige vigilância constante.

3. Pesquise. Um autor deve ler tudo o que foi publicado sobre o assunto que pretende desenvolver. Se não puder ler tudo, precisa ter conhecimento de tudo o que foi publicado. Como orienta Laura Bacellar, "antes de escrever, você muitas vezes necessita descobrir nomes e datas, conferir citações e ler outros autores que abordaram o mesmo assunto. [...] A maioria dos autores produz melhor quando pesquisa ANTES de começar".[12]

4. Escreva. Escrever é uma habilidade que quem tem dom pode desenvolver. São inspiradoras, entre tantas, as experiências de Dostoievsky (que escrevia para pagar dívidas), Monteiro Lobato (que começou escrevendo cartas para um jornal paulista para não se isolar do mundo) e Graciliano Ramos (que começou escrevendo relatórios de seu trabalho como prefeito no interior de Alagoas), que foram grandes escritores.

Tendo o dom, escrever é mais transpiração. Sobre o parentesco entre inspiração e transpiração, eis o que escreveu Mário de Andrade a um aprendiz:

> O prosador lida com a inteligência lógica, está no plano do consciente, das relações de causa e efeito. O seu discurso tem cabeça, tronco e membros, princípio-meio-e-fim, embora pouco importe que muitas vezes o assunto exija que o fim esteja no princípio, e o princípio no meio. Não tem disposição? Não se trata de ter disposição: você é um operário como qualquer outro: se trata de ter horas de trabalho. Então, vá escrevendo, vá

---

[12] BACELLAR, Laura. *Escreva seu livro*. São Paulo: Mercuryo, 2001, p. 28.

trabalhando sem disposição mesmo. A coisa principia difícil, você hesita, escreve besteira, não faz mal. De repente você percebe que, correntemente ou penosamente (isto depende da pessoa) você está dizendo coisas acertadas, inventando belezas, forças, etc. Depois, então, no trabalho de polimento, você cortará o que não presta, descobrirá coisas pra encher os vazios, etc.[13]

A inspiração é a ideia. A transpiração é o texto. Por isso, "o escritor é alguém para quem escrever é mais difícil do que para as outras pessoas" (Thomas Mann).

Escreva regularmente. Se possível, escreva todos os dias. Para continuar motivado e prosseguir dialogando com os leitores, publique na internet (blogs, sites), porque aperfeiçoa a escrita e verifica a aceitação do público.

Reescreva. Reescreva, se for necessário. Eis o conselho de Graciliano Ramos, para não ser esquecido:

> Deve-se escrever da mesma maneira como as lavadeiras lá de Alagoas fazem seu ofício. Elas começam com uma primeira lavada, molham a roupa suja na beira da lagoa ou do riacho, torcem o pano, molham-no novamente, voltam a torcer. Colocam o anil, ensaboam e torcem uma, duas vezes.
>
> Depois enxáguam, dão mais uma molhada, agora jogando a água com a mão. Batem o pano na laje ou na pedra limpa, e dão mais uma torcida e mais outra, torcem até não pingar do pano uma só gota.
>
> Somente depois de feito tudo isso é que elas dependuram a roupa lavada na corda ou no varal, para secar. Pois quem se mete a escrever devia fazer a mesma coisa. A palavra não foi feita para enfeitar, brilhar como ouro falso; a palavra foi feita para dizer.[14]

5. Edite. Terminado o texto, o trabalho não terminou. Há ainda outras tarefas.

---

[13] Mário de Andrade. Carta a Fernando Sabino. Disponível em <http://www.releituras.com/marioandrade_mestre_imp.asp>.

[14] Graciliano Ramos. "Sobre a arte de escrever". Disponível em: <http://www.amigosdolivro.com.br/lermais_materias.php?cd_materias=3163>. Acesso em 08 ago. 2011.

- Releia o que escreveu. É conhecida a prática de Dalton Trevisan, que rasga e joga no lixo muitos de seus contos até encontrar a forma o que o satisfaça.

- Revise o que escreveu.

- Corrija o que escreveu.

- Emende (altere, melhore, corte) o texto escrito. Sempre se pode melhorar o que foi escrito.

- Confira. Confira nomes. Confira datas. Veja se a frase terminou. Desconfie do seu texto.

- Prepare o texto segundo as normas. Deixe-o pronto, como se não fosse ser visto por um editor.

Considere as dez características de um bom texto.

1. Cativante (todo o texto deve ser agradável de ser lido, colorido em suas variações).

2. Claro (obscuridade é para quem não tem o que dizer).

3. Conciso (palavras, só as essenciais).

4. Coerente (o texto precisa ser consistente, sem contradição).

5. Comunicativo (o autor precisa se preocupar com o leitor, seus limites e potenciais).

6. Concatenado (as frases e os capítulos devem estar encadeados).

7. Contemporâneo (o estudo precisa falar o que interessa às pessoas ser ouvido).

8. Convincente (afinal, porque você escreveu este texto? Seja contundente, quando for o caso).

9. Correto (a imaginação é a mãe do seu autor, e a gramática o pai. Então: pontue corretamente, concorde corretamente).

10. Criativo (um autor pode dizer o que já foi dito, mas de forma que pareça que não foi dito. Segundo o desafio de Elmore Schwartz, "escrever bem é dizer o que foi dito, para que nunca mais precise ser dito").

Escrevendo um livro

Se o seu projeto é escrever um livro, eis algumas práticas a serem consideradas.

1. Fixe o objetivo do livro, com o público a que se destina.

2. Responda à seguinte pergunta: este livro já não foi escrito por outrem?

3. Numa frase, o que você quer dizer para transformar pessoas?

4. Escolha o gênero em que será escrito. Depois, leia exemplos de gêneros (se, por exemplo, vai escrever uma biografia, leia muitas biografias...).

5. Prepare um esboço (plano preliminar), se não for texto artístico (conto, poesia, romance, teatro).

6. Prepare o cronograma para a produção da obra.

7. Organize a sua vida para ter tempo para escrever. A vida é desejo, decisão e disciplina. Um livro requer muito tempo.

8. Pesquise todo o material (embora sempre vá faltar material a ser pesquisado).

9. Escreva, começando por onde está mais seguro.

10. Cuide do estilo. Um autor é ele e seu estilo. Eis o brilho deste parágrafo, sobre a arte de escrever, deixado por Antônio Vieira (1608-1697), num de suas exposições (Sermão da Sexagésima):

Aprendamos do céu o estilo da disposição, e também o das palavras. As estrelas são muito distintas e muito claras. Assim há de ser o estilo da pregação; muito distinto e muito claro. E nem por isso temais que pareça o estilo baixo; as estrelas são muito distintas e muito claras, e altíssimas. O estilo pode ser muito claro e muito alto; tão claro que o entendam os que não sabem e tão alto que tenham muito que entender os que sabem. O rústico acha documentos nas estrelas para sua lavoura e o mareante para sua navegação e o matemático para as suas observações e para os seus juízos. De maneira que o rústico e o mareante, que não sabem ler nem escrever entendem as estrelas; e o matemático, que tem lido quantos escreveram, não alcança a entender quanto nelas há. Tal pode ser o sermão: — estrelas que todos veem, e muito poucos as medem.[15]

11. Mostre o seu texto (parcialmente) a outros que possam criticar seu trabalho.

12. Revise o texto, pessoalmente e com a ajuda de alguém.

13. Publique seu texto. Se o papel não o aceitar (pela recusa de um editor), poste-o na Internet.

De uma tese a um livro

Todo estudante, ao terminar o seu trabalho (seja uma monografia ou tese), tem o desejo de amplificar o alcance do seu texto. Muitos desejam publicar os resultados que perceberam. Basta pegar o texto da tese e imprimir o conteúdo? Tese é tese e livro é livro. Seus objetivos são diferentes.

No entanto, o ideal é que todo material apresentado a uma banca examinadora (e por ela aprovado) ganhe outros olhos. Neste momento, o autor deve esquecer seus professores e passar a olhar para os seus leitores.

---

[15] Disponível em http://www.dominiopublico.gov.br/pesquisa/DetalheObraForm.do?select_action&co_obra=1745

1. Verifique se o que você escreveu, para fins acadêmicos, interessa a um público maior. Se interessa, ponha-se a transformá-lo, reescrevendo seu material.

2. Redefina seus objetivos à luz do novo tipo de leitor agora diante de você. O primeiro (formado por professores) o leu por obrigação. O segundo (de leitores) o lerá por prazer. Dê prazer aos seus leitores.

3. Veja o que foi necessário dizer e agora não o é mais. Num trabalho acadêmico, é obrigatória, por exemplo, a produção de um capítulo que faça uma revisão da literatura, em que se historia tudo o que já se escreveu sobre o tema. Quase sempre este material pode ser suprimido ou resumido drasticamente. Em seu trabalho acadêmico, o objetivo foi mostrar a competência do autor no exame das questões. Esse objetivo inexiste num livro.

4. Confira a linguagem. Ela precisa ser mais leve agora, sem perder a precisão. Além disso, o estilo literário requerido nos círculos universitários é geralmente estereotipado, rançoso e presunçoso, tudo o que um leitor odeia. Jogue no lixo aqueles pontos-subpontos-subsubpontos. Use entretítulos, mas não precisa obrigatoriamente numerá-los.

5. Conte suas notas bibliográficas. Todas são realmente necessárias? Conte e corte. Suprima as que sobrarem.

6. Seja mais pessoal. Numa tese, o aluno se esconde. Num livro, o autor se revela.

Recursos para aprendizes de escritor

Livros em papel

BACELLAR, Laura. *Escreva seu livro*. São Paulo: Mercuryo, 2001.

BERLO, David K. *O processo da comunicação*. São Paulo: Martins Fontes, 2003.

ECO, Umberto. *A estrutura ausente*. São Paulo: Perspectiva, 2007.

ECO, Umberto. *Obra aberta*. São Paulo: Perspectiva, 2001.

GARCIA, Othon M. *Comunicação em prosa moderna*. 27ª ed. Rio de Janeiro: Fundação Getúlio Vargas, 2010.

MAGALHÃES Júnior, Raimundo. *A arte do conto*. Rio de Janeiro: Bloch, 1972. (Há outras edições.)

MARTINS, Eduardo. *Manual de redação e estilo de O Estado de S. Paulo*. São Paulo: Moderna, 2003. (Há novas reedições. Parcialmente disponível em <http://www.estadao.com.br/manualredacao>.)

MOISÉS, Massaud. *A criação literária*. São Paulo: Melhoramentos, 1965. (Há edições mais recentes.)

MURRY, J. Middleton. *O problema do estilo*. Rio de Janeiro: Acadêmica, 1968.

NUNES, Mário Ritter. *O estilo na comunicação*. Rio de Janeiro: Agir, 1973.

RIVADENEIRA, Ariel. *Como escrever um livro*. Rio de Janeiro: Ediouro, 2008.

SCHOPENHAUER, Arthur. *A arte de escrever*. Porto Alegre: LP&M, 2007.

Na internet

BACELLAR, Laura. *Escreva seu livro*. Disponível em <http://www.escrevaseulivro.com.br/escreva/quem-somos/laura-bacellar.html>.

FEDERAÇÃO Mundial de Jornalismo Científico. *Curso Online de Jornalismo Científico*. Disponível em <http://www.wfsj.org/course/pt/>.

GODOY, Marcela. *Como começar a escrever um livro*. Disponível em <http://www.quantaconversa.com/2008/09/como-escrever-um-livro.html>.

KANITZ, Stephen. *Como escrever um livro*. Disponível em <http://blog.kanitz.com.br/2010/01/como-escrever-um-livro.html>.

TELLES, Lygia Fagundes. *Jogo de ideias*. Vídeo. Assista em <http://portalliteral.terra.com.br/banco/video/entrevista-com-lygia-fagundes-telles-jogo-de-ideias>.

ZAMONER, Airo. *Crônica, conto, romance, novela...* O que é isso, afinal? Disponível em <http://www.usinadeletras.com.br/exibelotexto.php?cod=11195&cat=Artigos>.

Capítulo 11

A seguir, a título de ilustração, reproduzimos exemplos de resenhas e de projeto de pesquisa.

Exemplos

Resenha

As resenhas apresentadas a seguir foram publicadas pelo autor no JORNAL DO BRASIL, do Rio de Janeiro (as duas primeiras), e na revista IMPULSO, respectivamente.

Exemplo 1

O interdito da morte

> ARIÈS, Phillip. *História da morte no Ocidente*. Trad. Priscila Vianna de Siqueira. Rio de Janeiro: Francisco Alves 1977. 320p.; ZIEGLER, Jean. *Os vivos e a morte*. Rio de Janeiro: Zahar, 1977. 180p.

Não foram comuns os funerais de Di Cavalcanti. Fixando a sua face de morto e registrando os rostos dos vivos, lá estava, para escândalo (quase) geral, uma pequena equipe cinematográfica, ruidosamente comandada por Glauber Rocha. Depois que o filme ficou pronto, as indagações foram poucas, mas à época dos funerais a estupefação foi enorme. O cineasta ainda teve palavras para justificar o seu gesto: "Sou protestante. Não tenho medo da morte".

Por que se transforma num gesto escandaloso filmar os funerais de um grande artista plástico? Estaria o cineasta celebrando a morte, quando o hábito em nossa sociedade é mascará-la? Estaria o artista reintroduzindo a morte na linguagem para com ela fazer o fundamento dinâmico de um combate?

Estas perguntas cabem muito bem diante dos livros de Jean Ziegler (*Os vivos e a morte*) e Philip Ariès (*História da morte no Ocidente*). Publicados na França, independente e quase simultaneamente (em 1975, por Editions du Seuil), seguindo as pisadas de Edgar Morin (*L'Homme et la Mort devant l' Historie*, 1951) e Geoffrey Gorer (*The Pornography of Death*, 1955; *Death, Grief and Mourning*, 1963), os dois trabalhos se propõem, como diz Ariès, a juntar suas vozes ao "coro numeroso dos tanatólogos" (p. 12), para engendrar algo maior que o simples saber: "os meios para uma luta libertadora", como quer Ziegler (p. 13).

A confissão deste engajamento não se encontra em Ariès, cujo livro é uma série de ensaios encabeçados por "As atitudes diante da morte", em que se traça a história do comportamento dos vivos diante dos mortos desde a última fase da Idade Média. A segunda parte da obra reproduz artigos menores anteriormente publicados em revistas especializadas.

Comparando a evolução dos hábitos, principalmente pelo estudo dos testamentos, Ariès percebeu que "a antiga atitude segundo a qual a morte é ao mesmo tempo familiar e próxima, por um lado, e atenuada e indiferente, por outro, opõe-se acentuadamente à nossa, segundo a qual a morte amedronta a ponto de não mais ousarmos dizer o seu nome" (p. 22). Essa familiaridade tradicional implica uma concepção coletiva de destinação em que não há lugar para uma responsabilidade individual, pois "o homem desse tempo era profunda e imediatamente socializado". Enfim, "a familiaridade com a morte era uma forma de aceitação da ordem da natureza" (p. 29), acabando a morte por tornar-se o lugar em que o homem melhor tomou consciência de si mesmo.

A partir do século XVIII, a morte, como o ato sexual, é considerada como uma transgressão que arrebata o homem de sua vida quotidiana para submetê-lo a um paroxismo e lançá-lo em um mundo irracional, violento e cruel. No século XX, seguindo manifestações já presentes no século anterior, a morte se apaga e desaparece, tornando-se "vergonhosa e objetivo de interdição" (p. 53). No modelo da modernidade é necessário, por exemplo, evitar à sociedade "a perturbação e a emoção excessivamente fortes, insuportáveis, causadas pela fealdade da agonia e pela simples presença da morte em plena vida feliz, pois a partir de então se admite que a vida é sempre feliz, ou deve sempre apresentá-lo" (p. 54). A comoção só é permitida às escondidas. Agora, "tudo se passa como se nem eu nem os que me são caros não fôssemos mais mortais. Tecnicamente admitimos que podemos morrer. Mas, realmente, no fundo de nós mesmos, sentimo-nos não mortais" (p. 64).

Os ensaios menores são discursos em torno destas ideias, que são mais desenvolvidas em sua particularidade. Compara-se a morte de ricos e pobres na Idade Média. Estudam-se os temas macabros, a localização dos cemitérios, a estrutura dos testamentos, o moderno culto dos mortos, a relação entre o doente e o médico e o status do moribundo.

Em "A morte invertida", talvez o mais conhecido, possivelmente o mais importante e seguramente o mais incisivo dos trabalhos de Ariès, denuncia-se que o homem não é mais hoje o senhor soberano de sua morte e das circunstâncias que a cerca.

> *O doente torna-se, então, um menor de idade, como uma criança ou um débil mental, de quem o cônjuge ou os pais tomam conta e a quem separam do mundo. O doente é privado de seus direitos e, particularmente, do direito outrora essencial de ter conhecimento de sua morte, prepará-la e organizá-la. Antigamente, a morte era uma tragédia muitas vezes cômica, na qual se representava o papel "daquele que vai morrer".*

Hoje, a morte é uma comédia muitas vezes dramática onde se representa o papel "daquele que não sabe que vai morrer" (p. 141). Parece, enfim, que a recusa da morte pertence ao modelo da civilização industrial (p. 153).

O que se subentende em Ariès está explícito em Ziegler. Para o autor de *Os vivos e a morte*, o desaparecimento da morte na linguagem comum e dos meios de comunicação pertence ao caminho da vida das sociedades industriais. "A sociedade ocidental não sabe, visivelmente, o que fazer dos mortos", pois a recusa íntima de aceitar a estes que deixam de produzir e consumir "preside a uma das operações mais eficazes que a sociedade exploradora inventou. Tudo é acionado para que os vivos nada percebam" (p. 142). Até o luto, que se tornou um artifício patológico, é usado para exprimir a realidade desta consciência muda. Em suma, ao invés de propor a catarse coletiva dos conflitos, a sociedade mercantil rejeita a catástrofe da morte, acabando por acarretar efeitos neuróticos na vida dos homens.

Ziegler, porém, não chegou a estes resultados pelos mesmos caminhos de Ariès. O sociólogo suíço, ao entrar em contato com cultura nagô, no nordeste do Brasil, recebeu do estudo da morte africana um instrumento para a formulação de uma hipótese crítica. Confessa ele que foi procurando compreender como age no interior do candomblé o mecanismo cultural, que rende justiça ao homem diante da morte e ao mesmo tempo a arma como uma extraordinária força simbólica, que acabou descobrindo a necessidade de interrogar o mecanismo da cultura ocidental. Conduzido por estas perspectivas, Ziegler percebeu que as

tradições humanistas que se exercem no interior da cadeia de imagens caucionam a fé em sua validade universal, mascaram o seu caráter de classe, naturalizam-nas e as impõem com tanto mais vigor porque constituem os instrumentos de todo o sistema de violência simbólica exercida pela classe capitalista dominante (p. 139).

"Gravemente ferido", ele recusa a sociedade ("jurei a mim mesmo que nunca mais, nem mesmo por acaso, estaria ao lado dos carrascos") e reconhece a sociedade africana como sendo a sua, pois lhe deve uma paz que jamais conheceu e também "a força vital e a percepção do frágil destino humano", que agora alimentam a sua existência (p. 11). O saber iniciático constantemente o interroga: "O sentido, o ritmo de minha existência quotidiana no candomblé entre o povo esfarrapado do subproletariado negro na Bahia, reis-mendigos ao serviço dos deuses, governam hoje a minha vida". Por isto, hoje ele considera inimiga a cultura de origem, desposando o universo africano "como a uma mulher há muito desejada" (p. 12).

O convívio com esta segunda "mulher" lhe leva a ver que a primeira "mulher" priva o homem de sua agonia, de seu luto e de sua consciência de finitude, impondo à morte um tabu, recusando aos agonizantes um status social, patologizando a velhice e anulando os antepassados. É por esta negação da morte e de sua função de acontecimento-obstáculo que "a sociedade capitalista mercantil realiza a reificação do homem" (p. 15), numa estratégia posta em ação para salvaguardar, mascarar e reforçar o sistema de desigualdades que mantém (p. 16).

Depois de observar que, quanto mais intenso, despertador e irremediável é o sofrimento, mais rico, cheio de nuanças e sutil é o sistema simbólico que o anula (p. 23), Ziegler estuda a tanatopráxis dos africanos, "um meio de torná-los mais felizes" (p. 309). Isto porque,

mesmo em sua vida precária de subproletariado negro, o homem nagô se encontra apoiado, por uma perspectiva ontológica, que esvazia em grande parte a sua angústia da morte e lhe restitui, em sólidas estruturas, numa límpida linguagem ritual, a certeza de sua própria mortalidade (p. 70).

No sistema nagô, todo homem nasce da substância vital, de um ato criador singular, nunca repetido. Graças ao transe, morto ou vivo, "o homem é servo da vida" (p. 124). Como cada homem possui a sua própria eternidade antes do nascimento, a morte nagô é uma lenta viagem, onde nenhuma ruptura ocorre, porque o "homem jamais deixa de ser" (p. 173). A morte nagô é produto de uma sociedade não reificada, que coloca no centro de sua organização social e cosmogônica a procura do sentido da vida, da morte dos homens.

O Ocidente mascarou tanto a morte que a consciência não aprende mais a sua própria morte, mas apenas a dos outros e a angústia de ter que enfrentá-la.

Esta mascaragem tem objetivos claros: disfarçar a desigualdade de oportunidades de vida para os homens, dando a aparência natural e inevitável a um sistema de vida baseado na desigualdade. E nesta sociedade, em que se nega de "modo definitivo" o homem, sua unidade e sua morte (p. 217), a celebração da morte, o luto, por exemplo, não é mais possível.

Na sociedade mercantil, nada nos fala da imortalidade, pois foi arrebatado da morte o seu status específico, que é, então, relegada para fora do seu campo de realidade, lançada às zonas obscuras, onde não chegam nem a palavra, nem o pensamento. O homem foi, enfim, destruído: o "processo de morrer, ato essencial de toda existência humana, deixa de ser uma aventura assumida para tornar-se uma eventualidade absurda, sofrida na ignorância" (p. 238). Governado pelos tanatocratas, por exemplo, priva o agonizante do lugar real, escondendo, mascarando e esvaziando o próprio evento da agonia. E até os moribundos parecem aceitar a ocultação da morte, estratégia dos dominadores para dominar mais (p. 257).

Segundo Ziegler, precisamos ver que "só a morte assegura sem cessar uma renovação sem a qual a vida declinará", uma vez que "a vida é a armadilha oferecida ao equilíbrio, que é por inteiro a instabilidade, o desequilíbrio onde se precipita" (p. 304). Ao contrário, precisamos celebrar a morte, como faz o sistema nagô, como forma única de a despojarmos de sua onipotência destruidora. Só assim o homem passará dialeticamente da consciência particular de sua finitude à consciência universal dos destinos escatológicos, para um tempo e uma sociedade que longe de esvaziar a morte, fará dela o "centro vital de uma nova compreensão do mundo" (p. 144).

Como se vê, Ziegler não tem o mesmo estilo de Ariès. A obra de Ziegler é trabalho de um convertido ao outro (o nagô), enquanto os ensaios de Ariès são o olhar sobre a morte, mas um olhar sem paixão. Para este, pouco lhe importam as coisas como estão: importa-lhe estudá-las; para Ziegler, a Revolução é necessária e nela, embora não tenha podido concretizar suas visões numa práxis coletiva, ele se engaja apaixonadamente, para denunciar a cada instante o "canibalismo mercantil" (p. 13). Por isto, seu livro é tão repetitivo.

Interessa a Ariès, dentro do seu gabinete, investigar se a sociedade humana contemporânea ainda mantém a capacidade de criar mitos (p. 10). Interessa a Ziegler denunciar a criação destes mitos como estratégia de dominação. Como convertido, ele parece mais o cientista de "Tenda dos Milagres", que fica abobalhado diante da sabedoria popular de Pedro Arcanjo. Isto é melhor do que ser Argolo...

Exemplo 2

A mutação da cultura

SODRÉ, Muniz. *Reinventando a cultura*. Petrópolis: Vozes, 1997. 180p.

Se permanece válida a polarização cunhada por Umberto Eco em 1964, segundo a qual, diante das expressões da tecnologia e da comunicação, cabe ser ou apocalíptico ou integrado, em que grupo classificar o ensaísta Muniz Sodré? Diante do seu último livro, em que faz "um balanço das formas e produtos da tecnocultura" (p. 9), a pergunta se presta inevitável.

Reinventando a cultura não pretende propor propriamente percepções novas acerca dos meios de comunicação de massa, mas oferecer uma agenda de discussão sobre os seus artefatos. Neste sentido, o livro transita entre o tom professoral, mas sem concessões ao fácil e ao superficial, e o rigor ensaístico, desenvolvido sob a forma de uma bem urdida conversa com intérpretes clássicos (como Platão e Aristóteles), modernos (como Maquiavel e Marx) e contemporâneos (como Pierce e Baudrillard) da vida em sociedade.

O que, de fato, preocupa Muniz Sodré é a exacerbação da extradeterminação, num tempo em que "a comunicação satelitizada, multicoaxial e reticular", permitida pelo incremento das novas tecnologias de informação, se apresenta euforicamente como democratizadora das relações sociais e políticas. Longe de aceitar a hipótese, o autor reconhece que "o ciberespaço e a realidade virtual oferecem-se como uma espécie de laboratório metafísico, questionador do sentido do real" (p. 8). De fato, de tal modo a imagem e o imaginário delirante penetram na vida das instituições que as consciências e as relações interpessoais "não podem deixar de ser afetadas" (p. 178). No entanto, os resultados podem ser comparados aos efeitos ilusionistas e demagógicos da velha adulação da sofística grega.

Diferentemente, portanto, do que enxergam os integrados, o que ocorre é o enfraquecimento ou mesmo o retraimento da individualidade do sujeito, apesar de seu maior poder de escolha de objetos de consumo emular o aumento de sua autonomia. Na verdade, "a histórica realização social do homem pela atividade política é trocada pela liberação adulatória e auto-erótica dos desejos" (p. 53).

Neste novo ambiente, de verdadeira mutação simbólica, os meios de comunicação se tornam "o lugar por excelência da produção social do sentido", o que significa uma modificação na "ontologia tradicional dos fatos sociais" (p. 28). É por intermédio da mídia que se dá hoje a moldagem ideológica do mundo, embora a partir de uma retórica tecnoburocrática de inspiração nitidamente gerencial. Uma demonstração da força deste paradigma está na tensão entre o velho sistema de representação política por meio de partidos e a aferição dos gostos por meio de pesquisas de opinião, as quais operam uma autêntica "intervenção no tempo, antecipando a imagem de um vencedor ainda incerto" e "impondo às consciências individuais" (p. 75) a evidência de uma maioria apenas virtual.

Em lugar de democracia, denuncia Sodré, está-se mesmo diante de um novo tipo de dominação. Consequentemente, "a violência parece acentuar-se nas regiões em que há apenas mass media, enquanto desagregam-se os recursos para educação, saúde e alimentação" (p. 89). Como na antiga estratégia de oferecimento de pão e de circo às multidões, a experiência possível de relação simbólica neste contexto é uma contrafação, é uma droga, por se dissociar "violentamente das possibilidades de acesso às condições materiais mínimas de vida. A cultura como mera evasão ou refúgio implica refugo de existência" (p. 93).

Para captar "a embriaguez de certas manifestações de força da vida" (p. 15), o autor, que é professor na Escola de Comunicação da Universidade Federal do Rio de Janeiro, analisa, particularmente a partir do capítulo 6, o que chama de produtos da comunicação, começando pela obra de arte, passando pela notícia jornalística e alcançando a telenovela brasileira. Sobre a notícia, lembra Sodré, que ela se impõe "como um simulacro da experiência do acontecimento descontinuo" (p. 145), ao atender à retórica organizadora e comercial da singularidade factual do cotidiano.

"Reinventando a cultura", portanto, debruça-se sobre a complexidade da nova ordem tecnocultural e tem o inegável mérito de não estudar apenas como uma "mera instrumentação da esfera econômica" (p. 31). Se seu autor tratar este livro como uma obra aberta, aberta às suas próprias reinvenções, poderá vir a ser seu opus magnum, pois já se constitui, mesmo que ainda embrionariamente, numa pungente reflexão sobre a natureza da comunicação humana.

Muniz Sodré poderá, por exemplo, desenvolver melhor algumas percepções, como sua sugestão em torno do neo-individualismo (p. 52) ou sua afirmação acerca do caráter insubstituível da escola no processo de aprendizagem (p. 97), entre outras intuições. Não deverá ainda dar como de domínio do leitor algumas informações, que menciona de relance, como o sentido da correspondência entre o escritor Proust e o editor Gallimard. Ele deverá também evitar imprecisões, como a de argumentar com afirmações vagas do tipo "pesquisas realizadas por agências de notícias já demonstraram" (p. 140) ou "alguns autores" (p. 142) ou de não explicitar qual ideologia do progresso está "moribunda" (p.92), se ela ainda faz parte do imaginário contemporâneo, embora assassinada na teoria.

O autor precisará principalmente trazer para as suas páginas a análise, por exemplo, do discurso da publicidade. Se, como escreveu Louis Quesnel há mais de 30 anos, o publicitário é o filósofo de um mundo sem filosofia, seu texto (o anúncio) não pode ser excluído do rol dos produtos da comunicação. Não que Sodré o exclua, mas não o investiga suficientemente.

De igual modo, será muito útil a convocação de pensadores latino-americanos ao palco das discussões. O autor os conhece muito bem e deve dialogar também com eles, a menos que só reconheça valor nos estudiosos do Primeiro Mundo, o que seria uma paradoxal reafirmação da eurocultura, que seu livro agudamente critica.

No plano formal, autor e editor precisarão entrar num acordo melhor em torno da forma de documentar as fontes. A opção de referenciá-las ao final de cada capítulo pela ordem em que aparecem é inadequada. Pelo menos, num caso, o recurso chega a ser desastroso, como acontece com Raymundo Faoro, que tem uma série de parágrafos fundamentada em seu *Os donos do poder*, conquanto nada no texto o indique. O livro não tem notas de rodapé, talvez para lhe tirar o tom acadêmico, quando é isso precisamente o que ele é.

Aliás, embora possa parecer bizantinismo, é preciso registrar que o autor e o leitor acabam vítimas de uma edição descuidada. Conquanto em alguns momentos sejam esquecidas elementares regras de pontuação e de concordância verbal, o mais desagradável é deparar com parênteses que não se fecham e a toda hora com uma separação silábica desatenta, especialmente nos hiatos e nas consoantes não seguidas de vogal.

Quem tiver paciência para serpentear por entre essas pedras no meio do caminho encontrará ideias a exigir um diálogo urgente, porque o que está em jogo é a cultura, que Muniz Sodré conceitua como o conjunto de instrumentos de que a mediação simbólica dispõe para a abordagem do real.

Exemplo 3

A ousadia ausente

SAINT-PIERRE, Héctor Luis. Max Weber: entre a paixão e a razão. Campinas: Unicamp, 1991. 175p.

Nada mais atual do que um clássico. E Max Weber é um clássico.

Portador de uma erudição portentosa, escreveu e ensinou sobre vários objetos da história econômica e social, bem como sobre a natureza das ciências sociais. Eric Voegelin chega a considerá-lo o último dos positivistas, ao entender a evolução da humanidade em direção à racionalidade da ciência como um processo de desencantamento e desdivinização do mundo.[1]

Ainda hoje, passados mais de 50 anos de sua morte, seu lugar está inscrito na galeria dos grandes forjadores das ciências sociais, embora mais citado do que lido.

Neste sentido, o livro de Héctor Luis Saint-Pierre, inicialmente produzido como trabalho final de um curso de mestrado e publicado no final de 1991, vem numa hora oportuna, primeiro pela perenidade da

---

[1] VOEGELIN, Eric. *A nova ciência da política*. Trad. José Viegas Filho. Brasília: EdUnB, 1979, p. 29.

metodologia weberiana e segundo por jorrar luz sobre a tensa relação entre o conhecimento científico e a prática, dilemas que estamos sempre enfrentando.

O ensaio do professor argentino, radicado no Brasil e pertencente aos quadros docentes da Unicamp e da Unimep, visa analisar como o cientista alemão conciliou ciência e ação, ao colocar "a razão como um o pêndulo, cujo movimento oscilante era delimitado nos seus dois extremos pela irracionalidade da valoração subjetiva", e ao fazer o pêndulo percorrer "o rigoroso caminho da metodologia" para garantir tanto a validade quanto a objetividade do conhecimento científico (p. 12).

Esta tensão, diz Saint-Pierre, é própria de todas as pessoas que articulem sua vida em torno de um projeto que "queira decidir sobre os rumos da História", fazendo da "política a estrela-guia da sua vida" (p. 12). O problema surge da verificação de que é desse relacionamento que "tira a força necessária para lutar e fazer prevalecer seus valores e rejeitar os restantes" (p. 11).

Para mostrar como a paixão e a razão se imbricaram no pensamento weberiano, o ensaísta divide sua meditação em duas partes. Na primeira, investiga o percurso de Weber da esfera valorativa ao rigor metodológico e, na segunda, inversamente, o itinerário da ação metodológica à decisão valorativa.

Assim, o primeiro interesse do autor reside em situar ligeiramente a posição de Weber no cenário das discussões epistemológicas travadas na segunda metade do século XIX por Dilthey, Windelband, Rickert e Simmel. Em meio a este Sitz im Leben, a proposta weberiana é precisamente erradicar do discurso científico qualquer juízo de valor, por implicar um posicionamento valorativo inaceitável, e exigir a "verificação empírica dos enunciados científicos por meio da explicação causal" (p. 23). Em sua visão, os valores, que não são universais nem necessários, constituem o resultado de uma escolha sem qualquer justificativa científica possível. Assim, toda escolha é vista como um produto da paixão, pois "no âmbito das decisões não há razão para escolher" (p. 26).

Nos cinco capítulos seguintes, o ensaísta discute o conceito weberiano de valores, a lógica das ciências histórico-sociais, a noção de Verstehen e a formulação dos tipos ideais.

Nestas páginas, fica claro que, para o pensador alemão, não é tarefa da ciência formular valores de verdade, uma vez que "a ciência empírica não pode ensinar a ninguém o que deve ser, senão unicamente o que pode fazer e, às vezes, o que quer" (p. 31). Assim, uma vez que "não podemos chegar a conhecer senão fragmentos da realidade", o interesse científico, "no necessário recorte do infinito e incessante fluir das ações humanas" será guiado pela relação com os valores, na construção do objeto do conhecimento (p. 33). Por isto, o autor de *A ética protestante e o espírito do capitalismo* quer se familiarizar cada vez mais com "a capacidade de diferenciar entre conhecer e julgar" (p. 35).

Em outras palavras, seu projeto de ciência exige correção metodológica (enquanto critério interno) e comprovação empírica (enquanto critério externo). Seu ideário de ciência pretende "compreender a realidade da vida que nos circunda e na qual estamos imersos, em sua especificidade", bem como "a conexão e significação cultural de suas manifestações individuais", para perceber "as razões pelas quais tinha chegado historicamente a ser assim-e-não-de-outro-modo" (p. 41), embora esteja certo de que as ciências sociais não têm condições de explicar de modo completo e exaustivo um processo histórico (p. 40).

Ao final desta parte, o ensaísta mostra como Weber concebia sua categoria de tipo-ideal, entendido como uma "seleção e formulação de certas características seguindo a direção do interesse cultural que corresponde a um determinado ponto de vista" (p. 69).

A partir desta construção, o autor de *Economia e sociedade* conclui que os fatores não econômicos, como paixões, afetos e emoções, podem ser tão determinantes ou codeterminantes quanto os movimentos numa bolsa de valores. Por isto, se opunha a qualquer interpretação (monista, reducionista, mecanicista) que visse a imputação causal como a unida determinante do devir histórico (p. 73).

Na segunda parte, Saint-Pierre procura mostrar que Weber elaborou a tipologia da ação para munir-se de um arcabouço que lhe possibilitasse articular de modo coerente uma matriz conceitual capaz de sustentar sua teoria da legitimação da dominação, vale dizer, capaz de justificar toda a sua teoria política (p. 120).

Neste sentido, o ensaísta desenvolve os conceitos de ação e dominação. Para Weber, a meta de toda ação política é a realização de sua causa, de modo que o poder propriamente dito é só um meio. Por isto, uma causa sem estratégia não tem como se realizar e a estratégia sem causa é cega, na mesma dimensão em que a paixão sem responsabilidade é incontrolável e a responsabilidade sem paixão é paralítica (p. 101). Consequentemente, todo comportamento não-teológico carece de sentido e se trata "apenas de um comportamento causado", pois toda ação é sempre uma ação motivada (p. 108), seja ela orientada para os valores, para os fins, pela emoção ou pela tradição.

No plano real, "a vontade do dominador se traduz em máximas para a ação dos dominados", situação que divide a estrutura social em dominadores e dominados (p. 135). Neste caso há, então, um sujeito dominante que dá ordens, um quadro administrativo que as executa e os sujeitos dominados que as obedecem.

Depois de analisar os conceitos weberianos de ética da convicção e da responsabilidade, o autor conclui com uma palavra, bastante próxima da ação política: a revolução de um determinado estado de coisas exige dos seus militantes uma dose maior de entrega do que a necessária na conservação do status quo. Além da convicção na causa, a sua realização "exige também uma maior reflexão sobre a adequação dos meios aos fins, isto é, uma maior consideração estratégica" (p. 266).

Como se vê, a obra de Héctor Luis Saint-Pierre, que já publicou nesta mesma Impulso incisivo ensaio sobre a teoria da soberania em Carl

Schmit, quer mostrar, como a Editora fez colocar na quarta capa, que os pressupostos weberianos acabam por carregar sua ciência de valores subjetivos. Sem dúvida, o objetivo foi alcançado, pelo que o leitor tem mais uma ferramenta para entender a intricada Weltaanschaung de Max Weber, cuja produção acaba inconclusa.

A título de diálogo com o autor, parece-nos, no entanto, relevante destacar alguns aspectos que a leitura de seu livro suscitou.

Antes, porém, é preciso registrar que a obra perdeu com a descuidada editoração a que foi submetida. A Editora da Unicamp, sempre ciosa no acabamento formal de suas publicações, deixa as vírgulas tão à vontade que, por vezes, simplesmente desapareçam para prejuízo da clareza. De igual modo, a construção frasal não sofreu um burilamento editorial, legando ao leitor frases que exigem um esforço para serem entendidas. Poderíamos ser liberados de ler uma frase como esta: "Quando construímos o tipo-ideal de um acontecimento histórico que desejamos explicar, necessariamente deveremos deixar alguns elementos da realidade por falta de significação para nosso ponto de vista, de maneira tal que na explicação da categoria da possibilidade objetiva tais elementos não serão considerados" (p. 92).

A Editora poderia também ter oferecido na capa alguma informação sobre o autor, como uma forma de dar um pano de fundo para a leitura do seu livro. Conquanto isto seja aceitável, colocar as notas bibliográficas no final de cada capítulo é um convite a que sejam lidas, embora revelem um Saint-Pierre bem mais à vontade. Um índice também teria sido muito útil, como fez a T. A. Queiroz com o livro de Gabriel Gohn. No que tange ao caminho percorrido pelo autor, uma pergunta que o seu trabalho deixa sem resposta é a possibilidade de um trabalho de valor sem que tenha tido acesso aos textos originais de Weber, especialmente os que não viram tradução. Os volumes sobre sociologia da religião fazem muita falta, especialmente porque neles está presente muito de sua visão acerca da ordem social, essencial para o escopo do presente ensaio. Faltou, no mínimo, uma discussão sobre as fontes utilizadas.

Quanto ao conteúdo propriamente dito, ousaríamos dizer que faltou ao autor um pouco mais de ousadia, uma vez que seu trabalho não se pretende uma introdução a Weber, mas um diálogo com ele. Só esta timidez explica o fato de algumas boas pistas não terem sido exploradas. Assim, várias afirmativas fortes ficam sem demonstração. O autor afirma, mas não prova, que "o pressuposto epistemológico transcendental do sujeito valorativo corrói sua preocupação pela objetividade da ciência" (p. 11s). De igual, faltou-lhe desenvolver o juízo segundo o qual "é duvidoso que o próprio Weber tenha obedecido até às últimas consequências a linha dos dois imperativos", o da elucidação científica e o da abordagem valorativa (p. 36).

Mais ainda, Saint-Pierre descreveu tão bem a teoria da dominação que deixa a impressão ao leitor de que a análise que Weber faz é a sua própria proposta política, como se fosse um mero Maquiavel *redivivus*.

Em outras palavras, falta um capítulo final onde o autor pudesse apresentar as suas conclusões de forma mais ousada, mesmo que suscitasse novas discussões, que é o verdadeiro moto do trabalho científico. Para tal, o texto mostrou que o autor poderia fazê-lo. Pena que tenha preferido o caminho da timidez.

Projeto de pesquisa

Os projetos podem ser sintéticos ou ampliados. O exemplo a seguir pertence ao segundo grupo. Em todos os casos, as normas da instituição a que será apresentado deverão ser seguidas.

O liberalismo religioso de Rui Barbosa
Projeto de Pesquisa

Israel Belo de Azevedo

Projeto apresentado ao Programa de Doutorado em Filosofia

Universidade Gama Filho.

Rio de Janeiro
1987

> *Posso não orar em Lourdes, mas Lourdes não me separa da humanidade.*
>
> (OC XX:1, p. 40)

> *Cumpre [...] que os adoradores do Deus em espírito e verdade cinjam os rins para a defesa da liberdade e da consciência; porque uma e outra são eternas. Essa usurpação tenebrosa há de passar. Negreja-lhe na fronte, na púrpura da sua realeza, o sinal da besta, os dogmas blasfemos; e o motor que a anima é o gênio perecedouro da dominação mundana, [...] e que [...] se lhe descobre,* ex-fructibus, *nas suas obras de iniqüidade, podridão e morte.*
>
> (O Papa e o Concílio, p. 116)

> *A doutrina que o catolicismo ultramontano professa, e cuja rejeição constitui uma heresia monstruosa, incomparável com a felicidade eterna, é que a igreja é a lei, o estado a força; a igreja o direito, o estado a dependência; a igreja a cabeça, o estado o braço; a igreja a inspiração divina infalível e imutável, o estado a cegueira animal, caduca e inevitavelmente serva.*
>
> (O Papa e o Concílio, p. 135)

> *Tudo quanto, no catolicismo, era puro, divino, singelamente sublime; tudo quanto propendia a estabelecer essa união interior do homem com Deus, que é a essência do culto cristão, obliterou-se ou proscreveu-se. O que ficou é uma simbólica sem alma e sem verdade, pasto à credulidade supersticiosa das classes ignorantes e manto ao ceticismo dissimulado e calculista da minoria ilustrada.*
>
> (O Papa e o Concílio, p. 198)

Sumário

1. O ASSUNTO
    1.1. Delimitação
    1.2. Justificativa
    1.3. Síntese tentativa da visão religiosa de Rui

2. PROCEDIMENTOS
    2.1. Fontes
    2.2. Problemas e hipóteses

3. CRONOGRAMA

4. PLANO PRELIMINAR

5. OBRAS CONSULTADAS

Abreviaturas

   RB = Rui Barbosa

   OC = Obras completas de Rui Barbosa

   NDC= Novos discursos e conferências, organizados por Herculano Pires

1. O assunto

Um estudo sobre a natureza do pensamento religioso de Rui Barbosa (1849-1923).

1.1. Delimitação

Para entender a posição religiosa de Rui como um todo, será necessário organizar-se a investigação em torno de três eixos: no primeiro, levantando as matrizes do seu pensamento e a sua sincronia com o tempo-espírito brasileiro; no segundo, desvelando-lhe e sistematizando-lhe a teologia (ou seja: suas concepções dogmático-doutrinárias); e no terceiro, acompanhando-lhe e organizando-lhe a sua leitura da função emissão real e ideal do Cristianismo.

1.2. Justificativa

Razão teve Miguel Reale em lamentar, em relação a Rui Barbosa, o fato de continuarem "na sombra" tanto as suas "concepções filosóficas" como o "processo condicionante de sua evolução espiritual em face do universo e da vida".[2] Este desinteresse pode ter sido produzido por três fatores, não necessariamente excludentes e nem nesta ordem hierarquizados. De um lado, os reducionismos de nossa cultura, inspirados por nossos atavismos positivistas, têm determinado a primazia do econômico e do político como fatores modais na historiografia brasileira das ideias. Por outro lado, o antirruismo da Igreja Católica no Brasil, diante da heterodoxia (própria de um liberal doutrinário) e do antierastianismo do pensador baiano provocaram a sua estigmatização.

Ora, o estudo acadêmico da filosofia no Brasil, assim nos parece, vem sendo feito ou por pensadores cujos desiderata se centram no econômico-político ou por pesquisadores católicos (ou ex-católicos). Para ambos, Rui não é um bom objeto de estudo. Para aqueles, porque não pensou economicamente o Brasil (conquanto tivesse sido um Ministro da Fazenda republicana) e o seu liberalismo político se evidenciou um

---

[2] REALE, Miguel. *Posição de Rui Barbosa no mundo da filosofia*. Rio de Janeiro: Casa de Rui Barbosa, 1949, p. 9.

tanto tardio. Para estes, porque se aproximou de uma perspectiva religiosa um pouco destoante do catolicismo vigente.

Não fora estes aspectos, um terceiro, representado pela copiosíssima produção do jurisconsulto, tem afastado aqueles estudiosos preferidores de objetos mais facilmente manuseáveis.

E Rui tem ficado de fora. Por puro preconceito, soa-nos. Assim, por exemplo, a mais respeitada história da filosofia brasileira, escrita por Antonio Paim,[3] simplesmente ignora a "Águia de Haia" como filósofo. E nisto Paim não está sozinho: antes, faz o coro da regra.

Longe desses atavismos, para nós estéreis, esperamos, ao descrever o liberalismo religioso de Rui Barbosa através dos seus escritos (discursos e ensaios) acerca do problema, contribuir para resgatar parte do pensamento deste filósofo, por entendê-lo absolutamente essencial para a compreensão da meditação brasileira.

A geração de Rui Barbosa se perguntou intensamente acerca da religião, em função dos combates travados no seu tempo.

Na Europa, contrapunham-se duas perspectivas: de um lado, a crença no progresso como regenerador da sociedade, encontrada em países de formação protestante (Alemanha e Inglaterra, especialmente) mas também influenciada pela Weltanschauung deístico-ateística em função das brechas abertas pela ilustração nas veias do *corpus christianorum*; de outro, a luta católico-romana pela permanência dos valores tradicionais, mesmo que opostos à vertigem do progresso tecnocientífico.[4]

---

[3] PAIM, Antonio. *História das ideias filosóficas no Brasil*. Brasília: INL, 1985, *passim*.

[4] O resultado, lá, foi a produção de libelos anti-católicos, como *O Papa e o Concílio* (1869: "Der Papst und das Konsil", publicado inicialmente na imprensa), do historiador católico (excomungado em 1871) Johann Joseph Ignaz von Döllinger (1799-1890), codinominado Janus, como uma resposta a decretos pontifícios como a bula "Quanta Cura" (1864), de Pio IX (1792-1878), e seu apêndice, "Syllabus" de Erros, condenatório de oito perigos: o não-teísmo; o racionalismo; o indiferentismo e a tolerância religiosa; o socialismo, o comunismo, as sociedades secretas, as sociedades bíblicas e as associações católicas liberais; a recusa aos direitos da Igreja Católica; a separação entre Igreja e Estado; a ética e a moral não baseadas na autoridade; a abrogação do poder temporal do Vaticano; e a laicização do Estado. Cf. BETTENSON, H. *Documentos da Igreja Cristã*. São Paulo: ASTE, 1967, p. 309s).

Em torno destas questões, as lutas não estiveram sempre apenas no domínio das ideias, mas acabaram se tornando delicados problemas políticos, como ocorreu particularmente no Brasil, em função da chamada "Questão Religiosa" (ou "Questão dos bispos"), ocorrida sob a égide do regalismo.

Para Rui, em linhas gerais, no conflito entre o episcopado brasileiro e o poder executivo, o que estava em jogo era "a existência, a autonomia, a supremacia terrena do Estado". Ademais, mesmo por razões financeiras, fazia-se necessário por-se um fim aos "laços de um oficialismo opressivo".[5] O medo da Igreja Católica era da civilização mesma, da "independência do pensamento individual", da "precedência temporal do Estado na administração da sociedade visível".[6]

É na intensidade deste calor (abrasado com o decreto da infalibilidade papal, do mesmo Pio IX, de 1870) que o Brasil moderno começou a se fazer, deste fazimento tomando parte visões como o positivismo, a maçonaria, o catolicismo "liberal", o catolicismo "ultramontano" e, marginalmente, o protestantismo. A questão era saber que modelo seguir: o anglo-norte-americano, de formação protestante, ou o francês, de mentalidade arreligiosa, ou o ibero-americano, de cunhagem católica?

Católico por formação e por convicção, Rui Barbosa entrou na discussão porque queria um Brasil novo.

1.3. Síntese tentativa da visão religiosa de Rui

Numa época marcada pelo sorriso do progresso e pela segurança da autoridade, o caminho do abandono da fé pareceu mais largo a muitos. Não foi o caso de Rui, conquanto a campanha travada contra ele quisesse fazer crê-lo.

---

[5] RB. *Queda do Império*. OC XVI, 9, p. 475.
[6] RB. *A Igreja e o Estado*. NDC-HP, p. 13.

Rui se dizia, sempre se disse, um crente. Educado na leitura do Novo Testamento,[7] enfrentou sua grande crise religiosa na juventude com a morte de sua mãe (1867), como ele mesmo o narraria dois anos depois. Em busca de respostas, iludiu-se "com os panegíricos com que a razão humana tem endeusado a si mesma". Então, julgou que a inteligência fosse "onipotente e absoluta":

Muitas vezes esperei descobrir nos recessos da ciência [...] a chave para os arcanos do universo, o alimento são, completo e abundante para o espírito, o bálsamo genuíno para as mágoas do coração. Deus, pois, estendeu o seu braço para mim e crestou a flor do meu orgulho. Então, achei os livros mudos, a razão muda e a filosofia estéril. Chorei e abracei-me à cruz. Foi a fé que me salvou.[8]

Esta experiência com o Deus dos seus pais marcou-o para o resto da vida, contribuindo para que ele jamais viesse a romper com a Igreja Católica. Assim, mesmo que, junto com sua geração, blasfemasse, esses momentos passaram "sempre como rápidas tempestades": "Quando elas se agitavam, o horizonte do mistério eterno me reaparecia como eu o vira no coração dos meus pais".[9]

Por esta razão, já velho, pôde dizer que, embora a fé lhe houvesse "fraqueado muitas vezes", nunca se sentiu "constrangido em professar" o catolicismo. "Católico, no entanto, associei sempre à religião a liberdade", batendo-se sempre pela liberdade religiosa.[10]

Sua confissão de fé está já no último parágrafo, recheado de 14 citações do Novo Testamento tiradas da Vulgata, de sua introdução a "O Papa e o Concílio":

---

[7] VIANNA FILHO, Luiz. *A vida de Rui Barbosa*. 2ª ed. São Paulo: Nacional, 1952, p. 432.

[8] RB. Discurso na sociedade acadêmica beneficente. OC I, 1, p. 160.

[9] RB. Visita à terra natal. OC XX, 1, p. 45.

[10] RB. Excursão eleitoral. OC XXVII, 1, p. 60.

> *Religião não de "fábulas ineptas e senis"; não de praxes farisaicas e sensualistas; não sepultada no mistério de uma língua morta; não a desses pseudo-apóstolos, do paganismo infalibilista, caluniadores do evangelho, pregadores hipócritas e mentirosos da opressão sacerdotal, com a boca cheia de Deus e a consciência cauterizada de interesses mundanos; não a das diatribes no púlpito, na imprensa, nas pastorais, nas letras apostólicas; não a do ódio, da cisão entre os homens, da desconfiança no lar doméstico, da separação entre os mortos, do privilégio, do amordaçamento das almas, da tortura, da ignorância, da indigência do espírito e do corpo, do cativeiro moral e social; mas a do "homem novo", renascido sob a cruz; do espírito que vivifica, e não da letra, que mata; da comunicação interior entre o coração e Deus; da caridade e brandura para com todos os homens; religião de luz, que se alimenta de luz, e que na luz se desenvolve; religião cujo pontífice é o Cristo; religião de igualdade, fraternidade, justiça e paz; religião em cujas entranhas formou-se a civilização moderna, em cujos seios sugou o leite de suas liberdades e de sua instituições, e à cuja sombra amadurecerá e frutificará a sua virilidade; religião de tudo quanto o ultramontanismo nega, amaldiçoa e inferna. Por ela o altar algum dia, e não longe, não será mais uma especulação; por ela as consciências não terão mais contar quedar de si senão ao Onipotente; por ela todas as crenças serão iguais perante a lei, todas as convicções respeitáveis perante os homens. Em que pese ao Vaticano, aos partidos reatores, às transações políticas e às realezas impopulares.*[11]

Para ele, Deus é "a garantia suprema" da liberdade,[12] por providenciar a regeneração moral da humanidade através do Cristianismo.[13]

---

[11] RB. OC IV:1, p. 331s.

[12] RB. Excursão eleitoral. OC XXXVII, 1, p. 60.

[13] RB. A situação religiosa do Brasil. NDC-HP, p. 5.

Quanto mais vivia, mais convencido ficava de que "Deus superintende os negócios humanos".[14]

Por isso, não sabia conceber o homem sem Deus, "a necessidade das necessidades",[15] nem antever "uma nação civilizada e ateia".[16]

A nacionalidade se urde com a fé, como acontece nos "celeiros do mundo", fertilizados "com o suor dos povos crentes", pois neles "a consciência domina todas as instituições e todos os interesses. A religião os fez livres, fortes e poderosos".[17]

Não há qualquer conflito entre esta defesa do valor do sentimento religioso com a crença no progresso científico. Rui distingue as funções da religião e da ciência. Ele, bêbado de ciência, absolutizou-a; nesta peregrinação, pôs "a ciência acima de todas as coisas", sem negar, porém, a possibilidade de um encontro: "nunca encarei a ciência como sistematização do espírito".

Não me acolhi entre as filosofias que fizeram da ciência a grande negação. Percorri as filosofias; mas nenhuma delas me saciou: não encontrei o repouso em nenhuma. [...] Vejo a ciência que afirma Deus; vejo a ciência que imprescinde de Deus. A mesma fé que nos arrasta das tribulações da fé ao exclusivismo científico, pode reconduzir-nos do radicalismo científico à placidez da fé.[18]

A fé, de modo algum, enfraquece o indivíduo para a ciência. Pelo contrário, cinge "melhor os rins para os grandes estudos da realidade, iluminando-a do alto com esse clarão sereno, a que a ciência sobressai livre e magnífica na imensidade dos seus triunfos".[19]

---

[14] RB. Discurso... no Colégio Anchieta. OC XXX, 1, p. 370.

[15] RB. Discurso... no Colégio Anchieta. OC XXX, 1, p. 397.

[16] RB. Discurso... no Colégio Anchieta. OC XXX, 1, p. 396.

[17] RB. Discurso... no Colégio Anchieta. OC XXX, 1, p. 392.

[18] RB. Visita à terra natal. OC XX, 1, p. 45.

[19] RB. Discurso... no Colégio Anchieta. OC XXX, 1, p. 396.

A ciência, pois, em nada, ao contrário do que prega o Vaticano, prejudica o desenvolvimento intelectual do povo, "mediante a difusão das verdades positivas".[20] A ciência e o evangelho, em resumo, devem dar as mãos para nivelarem a face da terra, através da liberdade e da igualdade.[21] E aí se chega ao cerne de sua visão apologética: o catolicismo romano conspira "contra a ciência e a consciência, entre a história e o evangelho, entre a liberdade e o progresso".[22] Rui era um católico. Seu catolicismo, porém, recusa a recusa católica ao progresso das nações e rejeita o dogmatismo e a superstição em que se transformara, segundo ele, o catolicismo "ultramontano".

Isto fez com que, conforme seu próprio relato, os católicos lhe pedissem uma definição de sua fé, ao mesmo tempo em que "as confissões dissidentes e os livres pensadores" receassem seu catolicismo. "Nem de uma nem de outra parte há razão", pois seu catolicismo deveria estar evidente, prática pessoal de fé que não o levaria de modo algum a abroquelar as minorias ou a sancionar o ateísmo.[23]

Quanto à sua filiação à maçonaria, considerava-se um "desgarrado", tendo ficado apenas "um membro avulso e simples aprendiz"; por isto, "tanto direito tem a maçonaria de reclamar-me, quanto o ultramontanismo".[24] Rui, pois, era um católico. O seu brado não era contra Deus.

O deus das minhas indignações era o deus da idolatria e da opressão, o deus da hipocrisia e do obscurantismo, o deus da reação e da imobilidade, o deus das mundanidades e das ambições temporais.[25]

Em outras palavras, disse ele no Asilo de Lourdes, em Feira de Santana: "Posso não orar em Lourdes; mas Lourdes não me separa da humanidade. Quando uma criancinha me reclina e abraça ao seio, não vou repulsá-la

---

[20] RB. Secularização dos cemitérios. OC VII, 1, p. 163.
[21] RB. Discurso no Ginásio Bahiano. NDC-HP, p. 2.
[22] RB. Alexandre Herculano. NDC-HP, p. 68.
[23] RB. Excursão eleitoral. OC XXXVII, 1, p. 59s.
[24] RB. Secularização dos cemitérios. OC VII, 1, p. 121.
[25] RB. Visita à terra natal. OC XX, 1, p. 52.

por causa dos amuletos".[26] Este posicionamento lhe trouxe, como recorda do exílio em Londres, uma "reputação de incredulidade, materialismo e ateísmo", fruto de "especulações malignas de adversários sem escrúpulos", em questões onde a sua atitude "era justamente o penhor mais claro da seriedade das minhas crenças morais". No que ele se empenhou foi combater o "jesuitismo com o Evangelho, o exclusivismo religioso com a palavra de Cristo, o concílio do Vaticano com a história da igreja primitiva".[27]

Sua resposta a Affonso Celso foi clara: "Não me fiz cristão agora, porque nunca deixei de sê-lo".[28]

Fui eu, na minha ínfima humildade, convertido em inimigo de Deus, calúnia contra a qual protesta a minha vida, o lugar que teve sempre a religião na minha casa, nas minhas relações domésticas, na educação dos meus filhos, para não falar na estima com que me têm honrado tantos sacerdotes, católicos e protestantes. O púlpito ressoou, nos sertões e nas cidades, sob as apóstrofes mais violentas e as histórias mais inverossímeis contra o meu nome. Fui acusado de enxovalhar imagens, mantê-las em baixo da cama e estampá-las na sola dos meus sapatos. É a perversa história, a mesma história contra os espíritos liberais.[29]

Com toda a paradoxalidade, Rui, no dizer de um de seus biógrafos, "como católico viveu, como católico procedeu, como católico morreu".[30] Seu, porém, era o catolicismo primitivo, evangélico, e não o farisaico, como se revela de sua Introdução a *O Papa e o Concílio*.

---

[26] RB. Visita à terra natal. OC XX, 1, p. 40.

[27] RB. Cartas da Inglaterra. OC XXIII, 1, p. 292s.

[28] RB. Cartas da Inglaterra. OC XXIII, 1, p. 322.

[29] RB. Cartas da Inglaterra. OC XXIII, 1, p. 295. Apesar disto, apressou seu casamento para antes da publicação de *O Papa e o Concílio*, receoso de que a igreja Católica não lhe celebrasse o matrimônio; educou seu filho mais moço no Colégio Anchieta, de jesuítas de quem era amigo, e recebeu a extrema-unção pelas mãos de um franciscano; cf. VIANNA FILHO, L., *op. cit., passim*.

[30] PEREIRA, Baptista. *Diretrizes de Rui Barbosa*. São Paulo: Nacional, 1938, p. 168.

Certamente, esses epítetos ele o deve à sua própria proposta-símbolo: "o crente emancipado na igreja, a igreja livre no Estado, o Estado independente da igreja".[31] Se o Brasil se quisesse fazer, deveria se fazer assim.

A este ideário dedicou Rui sua vida, razão por que, conforme seu (quase) auto-epitáfio, "estremeceu a pátria, viveu no trabalho e não perdeu o ideal". E neste ideal, uma luta ocupou um lugar de destaque: a luta contra o catolicismo ultramontano, visto por ele como inimigo do progresso moral, político e econômico do Brasil, razão por que ele dizia que o problema religioso do Brasil era um problema político.[32]

2. Procedimentos

A pesquisa se organizará, a partir do exame das fontes, em torno de problemas a serem respondidos.

2.1. Fontes

Para compreender o itinerário de Rui Barbosa será necessário compulsar-se toda a sua produção, mesmo aquelas eminentemente políticas e jurídicas. Além disso, será imprescindível percorrer as obras que Rui citou nos seus trabalhos, em busca das influências que hauriu.

Nosso método de trabalho consistirá, então, neste particular, em ler superficialmente toda a obra de Rui (seguindo geralmente o cânon estabelecido pela Casa de Rui Barbosa, constante de 168 volumes), para rastrear aqueles textos que tragam subsídios para a compreensão do problema. Estabelecido este novo cânon específico, poder-se-á descrever o conteúdo do seu pensamento, para, em seguida, analisá-lo, à luz da meditação brasileira e à luz das matrizes em que bebeu suas visões.

---

[31] RB. A igreja e o estado. NDC-HP, p. 41.

[32] Prova disso é que, quando, em 1903, talvez descrente de que ainda viesse poder influenciar a vida brasileira, se propôs a fazer, num discurso para os alunos do Colégio Anchieta, seu "testamento político", numa "expansão pública" do seu amor ao Brasil, praticamente tratou do problema político sob a ótica do problema religioso. Cf. OC XXX:1, p. 357.

Pelas primeiras leituras que se fizeram, a visão ruiana de religião pode ser encontrada, basicamente, nos seguintes trabalhos:

Data	Título	Fonte
1865/71	Primeiros trabalhos	OC I:1
1876	A Igreja e o Estado (Discurso proferido no Grande Oriente Unido do Brasil)	NDC-HP
1877	Alexandre Herculano (Panegírico fúnebre)	NDC-HP
1877	Nome, ano e local do evento (precedidos da expressão "In:")	OC IV:1-2
1879	Discursos parlamentares	OC VI:1
1880	Discursos parlamentares	OC VII:1
1881	(Textos) Diversos	OC VIII:1
1882	(Textos) Diversos	OC IX:2
1883	Reforma do ensino primário	OC X:1-4
1891	Constituição de 1891	OC XVII:1
1893	Discursos	OC XX:1, 2
1895	Cartas da Inglaterra	OC XXIII:1
1897	Discursos	OC XXIV:1
1898	Artigos	OC XXV:2
1899	Artigos	OC XXVI:4
1903	Discurso... no Colégio Anchieta	OC XXX:1
1910	Discursos eleitorais	OC XXXVII:1

Evidentemente, sua visão pipoca em inúmeros textos dos 50 volumes de sua vasta obra, como se pretende investigar.

2.2. Problemas e hipóteses

Para percorrer estes volumes, a pesquisa em projeto procurará responder à seguinte pergunta básica:

— Em que consiste o liberalismo religioso de Rui Barbosa? (P0)

Em torno dessa, concebeu-se outras, corolárias:

— Em que matrizes se fundou o pensamento religioso de Rui e que relação mantém com o tempo brasileiro? (P1)

— Como Rui viu a função da religião numa sociedade em mudança? (P2)

— Qual o lugar específico do catolicismo romano nesta visão? (P3)

— Em que linhas se pode traçar o conteúdo da dogmática (teologia doutrinal) de Rui? (P4)

— Porque Rui continuou num Cristianismo católico que condenava, quando suas ideias o aproximavam de outro Cristianismo, mais evangélico? (P5)

— Há uma evolução na sua perspectiva religiosa (P6)?

A estas três perguntas oferecem-se as seguintes hipóteses:

— O liberalismo religioso de Rui consiste, fundamentalmente, na compreensão da democracia como sendo "a representação proporcional das minorias, o reconhecimento de que o direito, ainda que seja o de um indivíduo só, não pode sacrificar-se aos interesses, ainda que seja do povo inteiro; é a sagração da propriedade individual, da liberdade da palavra, da liberdade de imprensa, da liberdade de reunião, da liberdade de cultos, da liberdade de trabalho, da liberdade política".[33]

---

[33] RB. Artigo-programa da Tribuna do Povo. OC I, 1, p. 23.

Por isto, seu catolicismo passava pelo crivo de um racionalismo moderado e de um tradicionalismo renascentista, no sentido que não seguiu os deístas alemães, na tarefa de depurar o catolicismo daquilo que não passasse pelo cânon da razão, e no projeto de recuperar o original do Cristianismo, recuperando-lhe a evangelicidade. (H0)

— Rui bebeu seu suco liberal-religioso de fontes diversas, nelas participando, ativamente, suas experiências domésticas e, dialogicamente, suas leituras de autores diversos, mas especialmente dos liberais ingleses. (H1)

— A religião é vista por Rui como um componente indispensável da vida humana e, por inclusão, da nacionalidade, uma vez que Deus é percebido como a garantia da liberdade que preconizava. (H2)

— O catolicismo legítimo para Rui não é o ultramontano (isto é, o vigente ao seu tempo), mas o evangélico, sem infalibilidade papal e sem desvio da função eclesiástica (do espiritual para o temporal), porque um Cristianismo como católico brasileiro não era mais Cristianismo; antes, era "a mais flageladora de quantas gangrenas morais podem afligir uma sociedade. É pior que uma doutrina; é uma política, um partido, uma permanente solapa às instituições liberais".[34] (H3)

— Rui, conquanto não fosse teólogo, pensou, embora marginalmente, algumas questões teológicas, como a natureza e a ação de Deus na história (trinitologia e escatologia), a função da igreja (eclesiologia) e a prática cristã (ética e piedade), ausentes, porém, outros tópicos por não fazerem parte sequer de sua formação. (H4)

— Muito embora sua visão religiosa estivesse mais afinada a uma perspectiva protestante, Rui continuou católico pelo respeito à fé recebida do seus pais, pela extração dessa fé na cultura brasileira e pela incipiência do Cristianismo protestante que não chegou a representar para ele uma alternativa como o era o protestantismo inglês (anglicano), por exemplo. (H5)

---

[34] RB. A Igreja e o Estado. NDC-HP, p. 45.

— Conquanto tenham feito, no plano doméstico, concessões ao catolicismo vigente no Brasil, as suas posições, que poderiam ser tachadas de moderadamente liberais, permaneceram intactas, parecendo incorreta a interpretação de que teria deixado de ser católico de sua vida, para voltar a ele ao final dela. (H6)

3. Cronograma

Ano	Meses	Atividade
Coleta de dados		
1987	06-08	Rastreamento das obras
1987	09	Xerox (e/ou aquisição) de textos pertinentes
1987	10-12	Registro do conteúdo
Análise dos dados		
1988	01-02	Sistematização do material
1988	03-06	Interpretação dos dados, conforme categorias
1988	06	Elaboração do plano preliminar definitivo
Redação		
1988	07-08	Primeira redação
1988	09	Segunda redação
Editoração		

1988	10	Primeira digitação
1988	11	Segunda digitação
1988	12	Copiagem
1988	12	Encadernação

4. Plano preliminar

1. Introdução

2. Correntes filosóficas no Brasil do século XIX

2.1. A herança colonial

2.2. Os liberalismos

2.3. Os positivismos

2.4. Outros (pequenos) caminhos

2.5. O que se lia no século XIX

3. Ser cristão no Brasil imperial

3.1. O problema da crença e da incredulidade

3.2. Formas do catolicismo tradicional

3.3. Formas do catolicismo (que se queria) moderno

3.4. Ser cristão sem ser católico

    3.4.1. O catolicismo dissidente

    3.4.2. Os protestantismos

4. Igreja e Estado na passagem do Império

4.1. O regalismo

4.2. A questão religiosa

4.3. A solução de compromisso

4.4. As propostas de solução ao impasse

4.5. A prática republicana

5. O programa de Rui

5.1. A função da religião

    5.1.1. Função ideal

    5.1.2. Função real

5.2. Perfil da Igreja Católica

    5.2.1. Catolicismo romano internacional

    5.2.2. Catolicismo romano brasileiro

6. A teologia de Rui

6.1. Piedade pessoal

6.2. Filosofia da história (escatologia)

6.3. O lugar de Deus (trinitologia)

6.4. Outros aspectos

7. As fontes religiosas de Rui

7.1. As leituras filosóficas

    7.1.1. Os ingleses

    7.1.2. Os norte-americanos

    7.1.3. Os franceses

    7.1.4. Os italianos

7.2. As leituras teológicas

7.3. O uso dessas fontes por outros brasileiros

8. A coerência do tempo

8.1. Os compromissos religiosos

8.1.1. Formação de Rui

8.1.2. Juventude

8.1.3. Maturidade

8.1.4. Provectude

8.2. A religião como fonte

8.3. O catolicidade permanente

8.4. O protestante que não foi

9. Conclusão

10. Referências bibliográficas

5. Obras consultadas para a elaboração deste projeto

BARBOSA, Rui. *Obras Completas*. Rio de Janeiro: MEC/Casa de Rui Barbosa, 1940-   . 50 tomos.

BETTENSON, H. *Documentos da igreja cristã*. São Paulo: ASTE, 1967. 370p.

PAIM, Antonio. *História das ideias filosóficas no Brasil*. 3ª ed. São Paulo: Convivio/INL, 1984. 615p.

PEREIRA, Baptista. *Diretrizes de Rui Barbosa*. São Paulo: Nacional, 1938. 284p.

REALE, Miguel. *Posição de Rui Barbosa no mundo da filosofia*. Rio de Janeiro: Casa de Rui Barbosa, 1949. 42p.

SALDANHA, Nelson. *Rui Barbosa e o bacharelismo liberal.* In: CRIPPA, Adolpho, ed. *As ideias políticas no Brasil.* São Paulo: Convívio, 1979, p. 94-122.

VIANNA FILHO, Luiz. *A vida de Rui Barbosa.* 2ª ed. São Paulo: Nacional, 1952. 446p.

Capítulo *12*

Páginas de modelos

[Modelo 1: Folha de rosto de resenha]

A ilusão da educação

Resenha de REIS FILHO, Casemiro.

A educação e a ilusão liberal.

Por
Zalmir Xisto Vaz

Resenha apresentada à disciplina História da Educação (prof. Umberto Tavares de Souza) do curso de Mestrado em Educação

Universidade Metodista de Piracicaba
Piracicaba - SP
Junho - 1991

[Modelo 2: Folha de rosto de projeto de pesquisa]

A construção da competência

Projeto de pesquisa sobre a natureza da ação pedagógica dos cursos de graduação no sudeste paulista.

Por
Antonio Bernardo Cardoso de Escol

Projeto de pesquisa apresentado ao Programa de Mestrado em Educação

Universidade Metodista de Piracicaba

Piracicaba - SP
Junho - 1989

[Modelo 3: Capa]

A construção da competência

O discurso dos professores de pedagogia em cursos de graduação das universidades do sudeste de São Paulo

Por
Antonio Bernardo Cardoso de Escol

Programa de Mestrado em Educação

Coordenadoria Geral de Pós-Graduação

UNIVERSIDADE METODISTA DE PIRACICABA

1991

[Modelo 4: Folha de rosto]

A construção da competência

O discurso dos professores de pedagogia em cursos de graduação das Universidades do sudeste de São Paulo

Por
Antonio Bernardo Cardoso de Escol

Orientador:
Prof. Dr. Francisco Germano Hortal

Dissertação apresentada à Coordenadoria Geral de Pós-Graduação da Universidade Metodista de Piracicaba para a obtenção do título de Mestre em Educação.

Piracicaba - SP
Abril - 1991

[Modelo 5: Folha-de-aprovação]

Título: A construção da competência

Autor: Antonio Bernardo Cardoso de Escol

Aprovada em: 1.4.1991

Examinadores:

Prof. Dr. Francisco Germano Hortal (presidente) - Unimep

Prof. Dr. Ignácio Loyola Marcondes - Unimep

Prof. Dr. Nadir Oliveira Pegado - Unicamp

COORDENADORIA GERAL DE PÓS-GRADUAÇÃO
UNIVERSIDADE METODISTA DE PIRACICABA

[Modelo 6: Epígrafe — opcional]

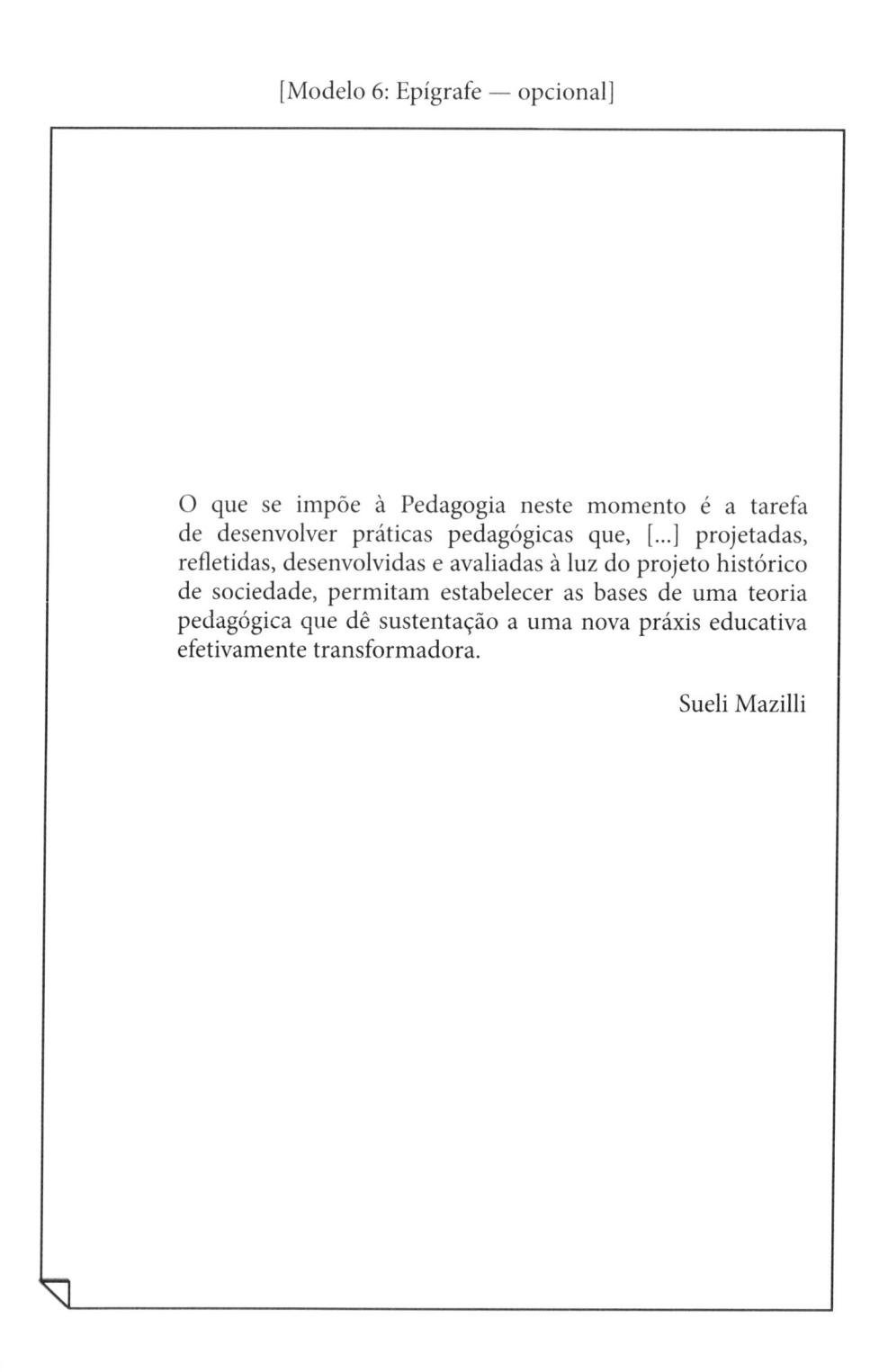

> O que se impõe à Pedagogia neste momento é a tarefa de desenvolver práticas pedagógicas que, [...] projetadas, refletidas, desenvolvidas e avaliadas à luz do projeto histórico de sociedade, permitam estabelecer as bases de uma teoria pedagógica que dê sustentação a uma nova práxis educativa efetivamente transformadora.
>
> Sueli Mazilli

[Modelo 7: Sumário]

Sumário

1. Introdução — 11

2. O ensino superior no sudeste paulista — 21

2.1. O sudeste paulista — 21

2.1.1. Economia e sociedade — 29

2.1.2. Educação — 36

2.2. O ensino superior — 47

2.2.1. Faculdades isoladas — 47

2.2.2. Universidades — 59

3. Os cursos de pedagogia: Gênese e transformações — 71

3.1. Universidades públicas — 71

3.2. Universidades particulares — 92

4. A pedagogia da pedagogia — 103

4.1. As ciências da educação — 103

4.2. Grade curricular — 113

4.3. Formação do corpo docente — 124

4.4. Perfil do alunado — 133

5. O ofício do pedagogo segundo os professores — 150

5.1. A proposta da Unimep — 150

5.2. Análise do discurso — 190

6. Conclusão — 218

Referências bibliográficas — 227

Anexos — 232

[Modelo 8: Lista de tabelas]

Lista de tabelas

1. Produção econômica do sudeste paulista	23
2. Classes sociais no sudeste paulista	32
3. Alunos matriculados no sudeste paulista	34
4. Alunos matriculados em cursos superiores no sudeste paulista	49
5. Matriculas nos cursos de pedagogia em escolas particulares	75
6. Formação acadêmica dos professores de pedagogia	96
7. Perfil dos alunos por idade e sexo	135
8. Perfil dos alunos por condição econômica	136
9. Perfil dos alunos por aspirações profissionais	137

[Modelo 9: Resumo]

Resumo

O autor procura mostrar as dificuldades encontradas pelos professores dos cursos de pedagogia existentes no sudeste paulista para operacionalizar seu discurso em torno de competência profissional. O seu objetivo é correlacionar o discurso dos professores com seus esforços e com as condições que a escola oferece para a efetiva mudança do sistema educacional.

Para isto, o estudo começa por caracterizar socioeconomicamente a região (sudeste paulista), onde se localizam as escolas, cujos cursos pretende analisar. A seu ver, esta região, pela profusão de instituições de ensino superior, oferece todas as condições, apesar de complexas e mesmo contraditórias, para sua transformação do ensino oferecido.

Por isto, o autor apresenta um parecer do ensino superior, público, privado, na região, bem como caracteriza o curso de pedagogia nela oferecido. Ao tratar deles, mostra como se organizam curricularmente, destacando as proximidades e distâncias entre as escolas, investiga a capacitação dos seus professores quantificando anteriormente a evolução do seu preparo, e avalia o perfil dos seus alunos, quanto às suas condições socioeconômicas, sua vida acadêmica anterior, suas motivações para escola do curso e suas aspirações profissionais.

Por último, o autor se ocupa de analisar o discurso dos professores quanto à função do professor de Primeiro e Segundo Graus. Para tal, ele torna as práticas educativas de duas escolas, uma pública, a Universidade Estadual de Campinas, e uma particular, Universidade Metodista de Piracicaba. Ao tratar do ofício do pedagogo, o autor se vale das próprias propostas destas Universidades consubstanciadas documentalmente em suas grades curriculares e em suas formulações teórico-metodológicas, mas principalmente das percepções dos próprios professores, ouvidos através de entrevistas e questionários.

As conclusões a que o autor chegou demonstram suficientemente as hipóteses formuladas, em torno basicamente das seguintes percepções: o sudeste paulista é uma região privilegiada em termo de oportunidades educacionais; as instituições de ensino superior, tanto públicas quanto privadas, têm seu discurso preocupado com a qualidade de ensino e com a formação de educadores interessados nas tarefas de mudanças no ensino, visões estas compartilhadas pelos seus professores; no entanto, verificados na prática, os resultados se encontram muito aquém do proposto.

[Modelo 10: Página de texto]

4. A pedagogia da pedagogia

Um exemplo concreto do que estamos dizendo é o que vem ocorrendo atualmente em relação à Psicologia na Educação. Ao avançar na produção do conhecimento psicológico sobre o homem, a Psicologia acabou por preencher o vazio deixado pela Pedagogia, que se traduz hoje no direcionamento da prática educativa, a partir dos paradigmas próprios da Psicologia. A prática educativa supõe necessariamente o enfoque psicológico. Pautá-la, entretanto, apenas neste enfoque é torná-la parcial e incompleta. Quando isto acontece,

> *o resultado é que a teoria pedagógica converteu-se em "quintal" da Psicologia e perdeu identidade. Abriu-se mão de um paradigma pedagógico próprio e importou-se o dos psicológicos. Basta examinar-se o conteúdo dos cursos de didática para verificar-se "colcha de retalhos" de teorias psicológicas em que se converteu esta disciplina.*[1]

4.1. As ciências da educação

Contamos hoje com significativa produção teórica em Educação, no âmbito do chamado pensamento progressista, que tem como marco a análise crítica do sistema capitalista e que vem influenciando a proposição de novas práticas pedagógicas.[2] Esta influência vem sendo marcada mais fortemente por duas correntes, já tradicionalmente identificadas como "pedagogia dos conteúdos" e "pedagogia do conflito", e tem em Dermeval Saviani e Moacir Gadotti na elaboração original.

Os dois autores partem dos mesmos pressupostos: as formas de organização do sistema capitalista e suas repercussões na Educação. Nesta

---

[1] FREITAS, Luiz Carlos de. Projeto histórico, ciência pedagógica e "didática". *Educação e Sociedade*, São Paulo, v. 7, n. 27, p. 136, 1º semestre 1987.

[2] Cf. REIS FILHO, Casemiro dos, *op. cit.*, p. 211-214. Cf. também FREITAG, Barbara. *Escola, estado e sociedade*. São Paulo: Cortez & Moraes, 1979, p. 134.

perspectiva, compreendem a escola como um dos instrumentos de transformação social e assumem as bandeiras da luta em defesa da escola pública, como marco importante no processo da democratização da escola, com vistas à sua participação no processo social global.

[Modelo 11: Páginas de texto]

2. O método da interpretação

Ver. Poder-se-ia dizer que toda a vida consiste em ver, senão finalmente, pelo menos essencialmente. [...] A história do mundo vivo se reduz a elaboração de olhos cada vez mais perfeitos no seio de um cosmos, onde é possível discernir cada vez mais.

Teilhard de Chardin[3]

O método de compreensão do Universo e, por conseguinte, da História, utilizado por Teilhard de Chardin foi por ele mesmo chamado de "Fenomenologia Científica", a partir da qual elaborou uma descrição do real segundo um processo evolutivo.

2.1. Fenomenologia científica

Por Fenomenologia Científica, Teilhard compreendeu uma visão objetiva e ingênua da humanidade, considerada como um fenômeno. Para isto, procurava manter-se no domínio dos fatos, no terreno do tangível, no campo do fotografável, e sem tentar nenhuma elaboração metafísica.

O meu único fim e a minha verdadeira força [...] é simplesmente, repito, procurar ver, isto é, desenvolver uma perspectiva homogênea e coerente de nossa experiência geral extensiva ao homem. Um conjunto que se desdobra.[4]

Nesta visão, considerava somente a sucessão e a interdependência dos fenômenos, que chamou de "lei experimental de recorrência" e nunca a análise ontológica das causas".[5]

---

[3] TEILHARD DE CHARDIN, Pierre. *O fenômeno humano*. Porto: Tavares Martins, 1970, p. 5.
[4] TEILHARD DE CHARDIN, Pierre, *op. cit.*, p. 9. Os grifos são de Teilhard.
[5] RIDEAU, Émile. *O pensamento de Teilhard de Chardin*. Lisboa: Duas Cidades, 1965, p. 41.

Além da visão "objetiva" e "ingênua", esta fenomenologia, bem distinta das de Hegel, Husserl e Sartre, procura ser também uma compreensão lógica e intelectual, mas no plano estritamente científico, não entrando nos domínios da filosofia,[6] antes se circunscrevendo ao valor dos fenômenos e na verificação experimental das hipóteses.[7]

2.1.1. O fenômeno

Então, "nada mais que o fenômeno",[8] lembra-nos Teilhard. Por quê? Para o jesuíta francês, o fenômeno não é o fato puro, que se apresenta agora, mas sua realidade temporal de passado, presente e futuro. E para que se perceba o seu significado, é preciso buscar o passado e projetar-se o futuro. É só dentro da óptica do tempo que se compreende o fenômeno.[9]

Esta busca tríbia,[10] entretanto, não deve ser confundida com metafísica, pois ele mesmo diz não estar preocupado com as "causalidades profundas" dos fenômenos, pelo que não se aventura a entrar neste campo, atrevendo-se, talvez, a uma ultrafísica ou mesmo hiperfísica.[11] Para a compreensão do fenômeno humano, o tempo é de capital importância. Já que o ser se manifesta como devir e progresso para o fim, debaixo da forma, figura e sinal dos fenômenos, o tempo "torna-se cada vez mais imperiosamente orgânico e convergente: a própria matéria das coisas e centro de sua ontogênese".[12]

---

[6] SMULDERS, Peters. *A visão de Teilhard de Chardin*. 4ª ed. Petrópolis: Vozes, 1969, p. 29.

[7] RIDEAU, Émile, *loc. cit.*

[8] TEILHARD DE CHARDIN, Pierre, *op. cit.*, p. 1.

[9] LUCKESI, Cipriano Carlos. Teilhard de Chardin, sua interpretação da história. *Revista Brasileira de Filosofia*, v. 84, n. 21, p. 396, out/dez de 1971.

[10] Citação *ad tempora* de um neologismo de Gilberto Freyre.

[11] TRESMONTAND, Claude. *Introdução ao pensamento de Teilhard de Chardin*. Lisboa: Morais, 1965, *passim*.

[12] TEILHARD DE CHARDIN, Pierre. *L'activation de l'énergie*. Citado por RIDEAU, Émile, *op. cit.*, p. 70.

[Modelo 12: Tabela]

Tabela 7

Perfil dos alunos por sexo e idade

Sexo

Faixa Etária	Masc (%)	Fem (%)	Total (%)
até 18 anos	33	67	100
de 19 a 21	35	65	100
de 22 a 24	30	70	100
de 25 a 27	31	69	100
de 28 a 30	39	61	100
de 31 a 33	51	49	100
de 34 a 36	70	30	100
Média	42	59	100

Fonte: Dados coletados na Unicamp e na Unimep

[Modelo 13: Referências bibliográficas]

Referências bibliográficas

Livros

BALZAN, Newton C. O pedagogo e a didática. Em: REZENDE, Antonio Muniz (org.). *Iniciação teórica e prática às ciências da educação*. Petrópolis: Vozes, 1979, p. 33-50.

BERNHEIM, Carlos Tunnermann. *Hacia uma nueva educación en Nicaragua*. Managua: Cultura, 1983. 97p.

CANDAU, Vera M.F. (coord). *Novos rumos da licenciatura*. Brasília: INEP, 1987. 223p.

ENCONTRO NACIONAL DE REFORMULAÇÃO DOS CURSOS DE PREPARAÇÃO DE RECURSOS HUMANOS PARA A EDUCAÇÃO, 1983. Documento final. Belo Horizonte, dat., 13p.

FERNANDES, Florestan. *Movimento socialista e partidos políticos*. São Paulo: Hucitec, 1980. 194p.

FERREIRA, Júlio R. *A construção escolar da deficiência mental*. Piracicaba, Unimep, 1989. 168p. (Série Aberta, 3)

GADOTTI, Moacir. *Concepção dialética da educação; um estudo introdutório*. São Paulo: Cortez/Autores Associados, 1983. 180p.

GADOTTI, Moacir. *Pensamento pedagógico brasileiro*. São Paulo: Ática, 1987. 214p.

GARCIA, Guillermo. *La educación como practica social*. Buenos Aires: Axis, 1975. 222p.

KNELLER, George F. *Introdução à filosofia da educação*. Trad. Álvaro Cabral. 5ª ed. rev. e atual. Rio de Janeiro: Zahar, 1979. 133p.

KOSIK, Karel. *Dialética do concreto*. 2ª ed. Rio de Janeiro: Paz e Terra, 1976. 345p.

Artigos

FREITAS, Luiz Carlos de. Projeto histórico, ciência pedagógica e "didática". *Educação e Sociedade*, São Paulo, v. 7, n. 27, p. 120-140, 1º semestre 1987.

GADOTTI, Moacir. *Elementos para a crítica da questão da especificidade da educação*. Em Aberto, São Paulo, v. 4, n. 22, p. 24-37, jan. 1984.

MOREIRA, Wagner Wey. *Educação e desordem*: um binômio a ser alcançado. *Impulso*, Piracicaba, v. 2., n. 3, p. 13-20, 1º semestre 1989.

PAIVA, Rodrigo A. Ensino superior: qualidade x quantidade. *Veritas*, Porto Alegre, v. 36, n. 141, p. 103-106, mar. 1991.

Capítulo 13

Este livro foi elaborado a partir das fontes indicadas a seguir.

Referências bibliográficas

Normas e manuais

ABNT. *Informação e documentação* – Citações em documentos - Apresentação. Rio de Janeiro: ABNT, 2002. (NBR 10520)

ABNT. *Informação e documentação* - Referências - Elaboração. Rio de Janeiro: ABNT, 2002. (NBR 6023)

ABNT. *Informação e documentação* - Trabalhos acadêmicos - Apresentação. Rio de Janeiro: ABNT, 2011. (NBR 14724)

ABNT. *Apresentação de dissertação e teses*; 1º projeto de norma. Rio de Janeiro: ABNT, 1984. (Projeto 14:02.02-002)

ABNT. *Apresentação de relatórios técnico-científicos*. Rio de Janeiro: ABNT, 1989. (NBR 10719)

AMERICAN PSYCHOLOGICAL ASSOCIATION. *Publication manual*. 6th ed. Washington: APA, 2009. 272p.

UFMG. Manual para apresentação de teses. In: IX Congresso Brasileiro/V Jornada Sul-Rio Grandense de bibliotecários e documentação. *Anais...* Porto Alegre: Associação Rio-Grandense de Bibiotecários, 1977, v. 1, p. 386-414.

PEABODY *Writer's guide*. Nashville: Vanderbilt University, [n.d.]. 30p.

USP-ESALQ. *Normas para elaboração de dissertação e teses*. Piracicaba: Esalq, 1987. 46p.

Livros

DAY, Robert, GASTEL, Barbara. *How to write and publish a scientific paper*. 6th ed. Cambridge: Cambridge University Press, 2006. 320p.

DUSILEK Darci. *A arte da investigação criadora*. 8ª ed. Rio de Janeiro: JUERP, 1989. 272p.

GARCIA, Luiz (org.). *Manual de redação e estilo* [de O Globo]. 20ª ed. Rio de Janeiro: Globo, 1994. 246p.

MARTINS, Eduardo. *Manual de redação e estilo de O Estado de S. Paulo*. São Paulo: Moderna, 2003. (Há novas reedições. Parcialmente disponível em <http://www.estadao.com.br/manualredacao>.)

NUNES, Mário Ritter. *O estilo na comunicação*. Rio de Janeiro: Agir, 1978. 140p.

RUMMEL, J. Francis. *Introdução aos procedimentos de pesquisas em educação*. Tradução de Jurema A. Cunha. 3ª ed. Porto Alegre: Globo, 1977. 353p.

Créditos das epígrafes

As epígrafes dos capítulos foram colhidas das fontes abaixo indicadas:

Capítulos 1 (Platão), 2 (Tuchman), 5 (Barrie) e 6 (Piel)

DAY, Robert, GASTEL, Barbara, How to write and publish a scientific paper. 6th ed. Cambridge: Cambridge University Press, 2006, passim.

Capítulo 3 (Goethe)

GOETHE, Wolfgang. Citado em Johan Wolfgang von Goethe Quotes. Disponível em: <www.1-famousquotes.com/quote/1174174>. Acesso em: 5 jul. 2011.

Capítulo 4 (Durkheim)

DURKHEIM, Émile. *A ciência social e a ação*. São Paulo: Difel, 1975, p. 98.

Capítulo 7 (Grec)

GREC, Waldir. *Informática para todos*. São Paulo: Atlas, 1993, p. 281.

Capítulo 8 (Almada)

ALMADA, Fernando D. A criação. Citado por NUNES, Mário Ritter. *O estilo na comunicação*. Rio de Janeiro: Agir, 1973, p. 62.

Capítulo 9 (Szent-Gyorgyi)

Citado em Albert Szent-Gyorgyi Quotes. Disponível em: <http://thinkexist.com/quotation/research_is_to_see_what_everybody_else_has_seen/193718.html>. Acesso em: 1 jul. 2011.

Capítulo 10 (Hesse)

Citado em Hermann Hesse Quotes. Disponível em: <http://www.goodreads.com/author/quotes/1113469.Hermann_Hesse>. Acesso em: 7 jul. 2011.

Capítulo 14

Guia de referência rápida

ABSTRACT — Resumo, em língua estrangeira, de texto acadêmico.

AGRADECIMENTOS — Seção onde se mencionam as pessoas e/ou instituições que contribuíram efetivamente para a realização da pesquisa.

ANEXOS — Conjunto de documentos, tabelas, quadros, questionários e outras informações de terceiros, que é colocado ao final do texto.

APÊNDICES — Textos e outros tipos de informação de autoria do próprio pesquisador.

ARTIGO CIENTÍFICO — Texto escrito para ser publicado em revista especializada. Conforme seu escopo, é chamado também de ensaio, comunicação, relato.

BIBLIOGRAFIA — Relação exaustiva de títulos sobre determinado assunto. Distingue-se das referências bibliográficas, que é uma relação das fontes utilizadas numa pesquisa.

CAPA — Página especial que reproduz a folha de rosto, exceto o bloco da finalidade.

CITAÇÃO — Transcrição de texto alheio, que deve ser apresentado com destaque (aspas ou itálico). Pode ser direta (ou formal), indireta (reescrita) e dependente (citação de citação).

COLETA DOS DADOS — Reunião de informações, segundo um plano preliminar, obtidas junto às fontes, sejam bibliográficas ou testemunhais.

CONCLUSÃO — Seção onde se recapitula o conteúdo do texto, faz-se uma autocrítica do trabalho desenvolvido e se indicam temas para futuras pesquisas.

CONSULTORES — São cientistas convidados para dar um parecer sobre um artigo submetido a publicação científica. São também chamados de referees. Geralmente, cada artigo é submetido a pelo menos dois consultores, que podem recusá-lo, recomendar sua publicação como está ou sugerir mudanças, que são comunicadas ao autor.

CRONOGRAMA — Planejamento das várias etapas de uma pesquisa, com previsão das datas para sua execução.

DELIMITAÇÃO — Seção (também chamada de "problema" ou "situação-problema") onde se indica sinteticamente o tema a ser pesquisado.

DESENVOLVIMENTO — Parte de um texto, geralmente composto de vários capítulos, onde se apresentam e se interpretam os dados da pesquisa.

DISCUSSÃO — Seção onde se interpretam os dados, anteriormente descritos.

DISSERTAÇÃO — Relatório de uma pesquisa desenvolvida num programa de mestrado.

DOCUMENTAÇÃO — Conjunto de informações que permitem ao leitor conferir a exatidão das informações tomadas de outros autores. (Nota preliminar)

EDITORAÇÃO — Etapa de preparação dos originais, visando uma melhor apresentação.

EDITOR DE TEXTO — Programa de informática usado para a preparação de textos.

ELIPSE — Salto num texto indicado por colchetes e reticências: [...].

ENSAIO — Artigo teórico sobre determinado tema.

EPÍGRAFE — Seção onde se transcreve um pensamento (de outro autor) que norteia o trabalho como um todo ou um capítulo em particular.

FIGURA — Ilustração (desenho ou gráfico) que permite uma visualização da informação contida no texto. Difere de quadro e de tabela.

FOLHA DE APROVAÇÃO — Página que contém autor, título, nomes e assinaturas dos componentes da Banca Examinadora.

FOLHA DE ROSTO — Página que contém título, subtítulo, autor, finalidade, nome do orientador, instituição, unidade e instituição, ano.

FONTE — Texto originário que se usa como material para uma pesquisa. Pode ser primária ou secundária.

FONTE PRIMÁRIA — Documento com informações de primeira mão (contemporânea ao fato) sobre determinado fenômeno. Incluem-se nesta categoria, entre outros documentos, os seguintes: correspondência, entrevistas, discursos, questionários, relatórios de observação / experimentos. Dependendo do objeto de pesquisa, é absolutamente indispensável.

FONTE SECUNDÁRIA — Documento com informações de segunda mão (produzido com preocupação analítica e científica).

Incluem artigos, verbetes, livros, teses, etc. Deve estar presente em todo trabalho científico.

FUNDAMENTAÇÃO TEÓRICA — Ver "Referencial Teórico".

GLOSSÁRIO — Definição de termos técnicos utilizados, apresentados por verbete e em ordem alfabética.

HIPÓTESE — Resposta provisória a um determinado problema. Um projeto de pesquisa deve apresentar um problema central (principal) ou cinco a dez problemas corolários (secundários).

ÍNDICE — Lista de assuntos, autores, pessoas e/ou instituições, organizados em ordem alfabética. Pode ser remissivo, analítico, temático ou onomástico.

INTERPOLAÇÃO — Introdução, numa citação, de uma palavra ou expressão, para dar maior nitidez ao tempo. Deve vir entre colchetes: [ ].

INTRODUÇÃO — Seção, num trabalho científico, onde são apresentados a delimitação do assunto, a justificativa da escolha do tema, o referencial teórico-metodológico, os procedimentos adotados (fontes, problemas, hipóteses, técnica de coleta e análise dos dados) e as limitações de uma pesquisa.

JUSTIFICATIVA — Seção onde se procura demonstrar o valor do objeto de estudo. Deve considerar a relevância (teórica e social), a viabilidade do tema e interesse pessoal do pesquisador.

LEITURA INSPECIONAL — Etapa de leitura de um texto que consiste da pré-leitura (folhear de um texto) e da leitura superficial (leitura rápida, sem interesse de compreensão).

LEITURA SUPLEMENTAR — Etapa de leitura que consiste em buscar outras fontes que complementem a compreensão de determinado texto.

LISTA — Espécie de sumário específico, podendo contemplar anexos, figuras, siglas, abreviaturas, tabelas e símbolos, para facilitar a leitura. Vem após o sumário geral.

MANCHA — Parte impressa de uma página.

MARCO TEÓRICO — Ver "Referencial Teórico".

MATERIAIS E MÉTODOS — Seção, no modelo IRMRDC, onde se informam os procedimentos adotados numa pesquisa, com dados sobre as fontes e manipulação dos dados.

MEMORIAL — Descrição detalhada da produção acadêmica de um candidato a titular nas universidades públicas.

MODELO IDC — Modelo de desenvolvimento de texto científico composto de Introdução, Desenvolvimento e Conclusão.

MODELO IRMRDC — Modelo de desenvolvimento de texto científico composto de Introdução, Revisão de Literatura, Materiais e Métodos, Resultado, Discussão e Conclusões.

MONOGRAFIA — Relatório de uma pesquisa, geralmente escrita como tarefa final de uma disciplina (em qualquer nível) ou de um curso de graduação.

NOTA BIBLIOGRÁFICA — Ver nota de rodapé.

NOTA DE RODAPÉ — Nota colocada ao pé da página e indicada por um número elevado. Serve para o registro de informações explicativas adicionais e, primariamente, para documentação das fontes.

NUMERAÇÃO DE PÁGINAS — Ver paginação.

PAGINAÇÃO — Numeração de cada página que deve figurar ao alto à direita, como parte da mancha.

PALAVRAS-CHAVES — Subseção num sumário onde são apresentados termos pelos quais o texto deve ser catalogado. No abstract chama-se keywords.

PLANO PRELIMINAR — Seção onde se apresenta em ordem fenomenológica os itens (capítulos ou tópicos ou seções) contidos no texto.

PROBLEMA — Seção de um projeto de pesquisa onde são apresentadas as perguntas que a investigação procurará responder. Uma pesquisa deve ter um problemas central (principal) e entre cinco e dez corolários (secundários).

PROCEDIMENTOS — Seção onde são indicados os procedimentos a serem adotados na coleta, organização e interpretação dos dados.

PROJETO DE PESQUISA — Texto em que se apresenta o planejamento de uma pesquisa propriamente. Dele constam itens como delimitação, fontes, procedimentos, metodologia, cronograma da pesquisa.

QUADRO — Apresentação de resultados em forma de colunas, mas sem dados quantitativos. Difere de figura e de tabela.

QUADRO TEÓRICO-METODOLÓGICO — Ver "Referencial teórico".

REFEREES — Ver consultor.

REFERENCIAL TEÓRICO — Seção (ou capítulo) onde é explicitada a fundamentação teórica (ou ideológica) da pesquisa. É partir deste quadro que são formulados os problemas e elaboradas as hipóteses.

REFERÊNCIAS BIBLIOGRÁFICAS — Trata-se de uma lista, em ordem alfabética, de todas as fontes utilizadas (citadas ou consultadas) na pesquisa. Não devem ser confundidas com bibliografia, que é uma lista de livros sobre determinado ramo do conhecimento.

RELATO — Artigo sobre pesquisa experimental concluída ou em andamento.

RESENHA — Apreciação crítica de um texto. Destina-se a discutir as ideias ali apresentadas. Contém: introdução, resumo e conclusão.

RESULTADOS — Seção, no modelo IRMRDC, onde são descritos os dados levantados.

RESUMO — Seção de um texto onde se apresenta de forma sintética o conteúdo do trabalho.

RESUMOS CRÍTICOS — Ver "Resenhas".

REVISÃO BIBLIOGRÁFICA — Texto de síntese crítica sobre determinado tema a partir dos autores selecionados. Contém: introdução, resumo e conclusão. Distingue-se da resenha porque discute vários autores. Pode ter vida própria ou figurar como parte de um trabalho mais amplo. Nela se discute o estágio do conhecimento sobre determinado tema. É também chamada de REVISÃO DE LITERATURA.

RODAPÉ — Ver "Nota de Rodapé".

SISTEMA ALFABÉTICO — Modo de documentar as fontes utilizadas no texto em que a informação bibliográfica (sobrenome do autor, ano e, eventualmente, página) é apresentada no próprio texto, entre parênteses. O complemento da informação deve ser buscado nas Referências Bibliográficas, apresentadas em ordem alfabética.

SISTEMA NUMÉRICO — Modo de documentar as fontes utilizadas no texto em que as informações são colocadas no rodapé e identificadas por um número elevado no texto.

SUMÁRIO — Seção onde são relacionados os capítulos, divisões e seções do trabalho, na ordem em que aparecem no texto e com indicação das páginas onde figuram. Não deve ser confundido com índice.

TABELA — Apresentação de dados quantitativos em forma de colunas. Não deve ser confundido com quadro.

Índice de assuntos tratados

A

abreviaturas 61, 63, 143, 205
abstract 63, 99, 249
absurdos 138
ad misericordiam 133
ad populum 133, 150
ad verecundiam 133
agradecimentos 61
alinhamento 88
análise de livros 24
análise dos dados 461, 60, 65, 66, 124, 127
anexos 61, 62, 63, 68, 88, 91, 115
apêndices 61, 62, 68, 88, 91, 167
argumentação 66, 124, 132, 133, 137, 139
argumentum 133, 150
artigos 68, 75, 83, 86, 95, 97, 98, 100, 108, 126, 127, 130, 171, 188
artigos para publicações científicas 30, 95
atualização bibliográfica 126

C

capa 25, 33, 61, 88, 91, 201

capítulos 17, 61, 62, 67, 73, 85, 89, 107, 108, 114, 115, 124, 125, 126, 133, 134, 135, 146, 179, 199, 244

citações 19, 29, 33, 69, 70, 71, 89, 90, 128, 132, 135, 136, 148, 177, 209

clareza 15, 16, 27, 29, 49, 64, 120, 123, 125, 129, 130, 135, 201

coleta de dados 96

comunicação 10, 16, 17, 20, 101, 119, 120, 121, 122, 123, 124, 125, 127, 128, 129, 131, 135, 160, 175, 182, 183, 190, 193, 194, 195, 196, 210, 244, 245, 249

concisão, 16, 120, 129, 130, 135, 148, 150

conclusão 10, 29, 32, 62, 65, 66, 67, 82, 91, 99, 124, 136, 153
    artigo 10, 30, 80, 83, 86, 97, 98, 99, 101, 108, 154, 159, 177
    dissertação 10, 4919, 60, 62, 82, 153, 243, 244
    monografia 10, 31, 4519, 60, 92, 153, 177, 181
    resenha 10, 23, 24, 28, 29, 30, 31, 32, 33, 34, 225
    revisão bibliográfica 10, 23, 30, 35, 36, 122
    tese 10, 2619, 60, 62, 82, 109, 113, 114, 153, 177, 181, 182

consistência 41, 120

contundência 120

correção 16, 60, 120, 129, 130, 131, 199

correção política 17, 132

crítica 15, 23, 24, 26, 27, 28, 29, 30, 31, 33, 35, 36, 46, 165, 190, 234, 240

cronograma 10, 40, 422, 60, 177, 180

D

dedicatória 61

desenvolvimento 35, 402, 64, 66, 74, 99, 108, 124, 134, 137, 167, 176, 212
    artigo 10, 30, 80, 83, 86, 97, 98, 99, 101, 108, 154, 159, 177
    dissertação 10, 4919, 60, 62, 82, 153, 243, 244
    monografia 10, 31, 4519, 60, 92, 153, 177, 181
    resenha 10, 23, 24, 28, 29, 30, 31, 32, 33, 34, 225
    revisão bibliográfica 10, 23, 30, 35, 36, 122

Índice de assuntos tratados

    tese 10, 2619, 60, 62, 82, 109, 113, 114, 153, 177, 181, 182
digitação 60, 108, 115, 219
dissertações 109, 63, 74
documentação 27, 31, 33, 36, 60, 68, 69, 76, 92, 99, 123, 135, 141, 145, 243
    artigo 10, 30, 80, 83, 86, 97, 98, 99, 101, 108, 154, 159, 177
    dissertação 10, 4919, 60, 62, 82, 153, 243, 244
    monografia 10, 31, 4519, 60, 92, 153, 177, 181
    resenha 10, 23, 24, 28, 29, 30, 31, 32, 33, 34, 225
    revisão bibliográfica 10, 23, 30, 35, 36, 122
    tese 10, 2619, 60, 62, 82, 109, 113, 114, 153, 177, 181, 182

E

editoração 31, 36, 60, 87, 100, 109, 115, 201
    artigo 10, 30, 80, 83, 86, 97, 98, 99, 101, 108, 154, 159, 177
    dissertação 10, 4919, 60, 62, 82, 153, 243, 244
    monografia 10, 31, 4519, 60, 92, 153, 177, 181
    resenha 10, 23, 24, 28, 29, 30, 31, 32, 33, 34, 225
    revisão bibliográfica 10, 23, 30, 35, 36, 122
    tese 10, 2619, 60, 62, 82, 109, 113, 114, 153, 177, 181, 182
editores de texto 87, 115, 131
elipse 251
epígrafe 61, 67
erros 33, 109, 131, 138
erros mais comuns 131
estilo 14, 20, 119, 120, 121, 125, 126, 128, 129, 130, 161, 172, 180, 181, 182, 183, 193, 244, 245
eufemismos 132, 142

F

fidelidade 120
figuras 61, 63, 90, 99, 100, 107
folha de aprovação 229
folha de rosto 25, 29, 61, 62, 74, 88, 249

fontes 10, 16, 17, 18, 40, 42, 45, 46, 491249, 60, 64, 65, 66, 68, 69, 71, 73, 75, 96, 106, 116, 123, 125, 126, 128, 132, 133, 135, 136, 137, 141, 172, 196, 201, 214, 217, 220, 221, 242, 244, 249

frases 16, 17, 18, 107, 128, 132, 133, 134, 135, 137, 138, 147, 148, 149, 154, 179, 201

fundamentação teórica 254

G

generalizações 18, 146

gírias 142

glossário 61, 68, 131

grafias especiais 131

H

hipóteses 1509, 66, 123, 124, 125, 174, 205, 216, 233, 237

I

ilustrações 33, 100

índice 25, 61, 62, 68, 201

informática 251

interpolação 252

introdução 28, 30, 32, 352, 64, 65, 66, 67, 89, 92, 99, 124, 164, 173, 202, 209
  artigo 10, 30, 80, 83, 86, 97, 98, 99, 101, 108, 154, 159, 177
  dissertação 10, 4919, 60, 62, 82, 153, 243, 244
  monografia 10, 31, 4519, 60, 92, 153, 177, 181
  resenha 10, 23, 24, 28, 29, 30, 31, 32, 33, 34, 225
  revisão bibliográfica 10, 23, 30, 35, 36, 122
  tese 10, 2619, 60, 62, 82, 109, 113, 114, 153, 177, 181, 182

J

jargão 18, 142, 146

L

legenda 90, 91

leitura 23, 24, 25, 26, 28, 29, 33, 39, 89, 113, 120, 123, 128, 129, 130, 137, 141, 144, 154, 159, 201, 206, 209
  analítica 24

Índice de assuntos tratados

    elementar 24
    inspecional 24
    suplementar 18

M

    margens 60, 108, 115
    materiais e métodos 99, 124
    método científico 123
    modelos 45, 470, 60, 77, 111, 123, 175, 225
    modismos 18, 146
    monografias 10, 36, 126

N

    neologismos 107, 147
    notas bibliográficas 69, 80, 81, 132, 141, 182, 201
    notas de rodapé 19, 25, 41, 71, 87, 108, 115, 141, 196
    numeração de páginas 88
    numerais 132, 144

O

    organização lógica 123
    originalidade 29, 120, 125, 127, 128, 129

P

    paginação 253
    palavras-chaves 99
    palavras estrangeiras 132
    parágrafo 18, 28, 32, 35, 61, 89, 134, 137, 144, 172, 180, 209
    plano preliminar 46, 60, 96, 180, 218
    precisão 16, 120, 123, 129, 131, 182
    problemas 27, 35, 41, 4509, 66, 96, 110, 125, 132, 135, 139, 208, 214
    procedimentos 10, 11, 15, 24, 27, 31, 461, 66, 69, 76, 123, 124, 127, 244
    projetos de pesquisa 9, 112

R

recuos de parágrafos 88

redação 16, 20, 29, 30, 31, 36, 40, 65, 96, 100, 110, 119, 125, 128, 129, 136, 172, 183, 218, 244

referenciação das fontes 126

referências bibliográficas 25, 33, 61, 68, 69, 87, 89, 99, 107, 249

relevância 28, 42, 48, 127

resenhas 9, 23, 31, 99, 186, 187

resultados (discusão) 9, 63, 64, 65, 67, 96, 99, 120, 124, 127, 133, 154, 181, 190, 194, 233

resumos 23, 64

resumos críticos (ver resenhas) 23

revisão de literatura 30, 124, 125

revisões bibliográficas 9, 23, 24, 31

rigor documental 123

S

sequência lógica 33, 68, 123, 134

siglas 61, 63, 143, 144

simplicidade 14, 110, 128, 129

sistema alfabético 60, 69, 89, 99

sistema numérico 69, 89

sumário 25, 41, 60, 61, 62, 108, 174

T

tabelas 61, 63, 65, 68, 90, 99, 100, 107, 115, 127, 144, 232, 249

terminologia 47

termos técnicos 68, 142

teses 109, 63, 74, 82, 97, 99, 126, 243, 244

trabalho científico 12, 159, 68, 121, 153, 202

tempos 17, 131, 139

V

vocabulário 18, 128,
vocabulário técnico 142

Sua opinião é importante
para nós. Por gentileza
envie seus comentários
pelo e-mail
editorial@hagnos.com.br

UNITED PRESS

Visite nosso site: www.hagnos.com.br

Esta obra foi impressa na
Imprensa da Fé.
São Paulo, Brasil.
Primavera de 2015